증보 3판 Q&A

방사능 무섭니?...

일반인들이 궁금해 하는 방사능의 오해와 진실

증보 3판

Q&A

방사능 무섭니?...

방사선안전 전문가 포럼 편

고려의학
KOMB Korea Medical Book Publishing Company

집필진

박찬일 서울의대 명예교수
전문분야: 방사선종양학

[주요경력]

1978-2008 서울의대 방사선종양학교실 교수
1978-1979 미국 미네소타대학 전임의
1982-1998 대한방사선종양학회 이사장, 회장
1987-1999 대한방사선방어학회 부회장, 회장
1994- 한국과학기술한림원 정회원
1997-1999 서울대학교 방사선의학연구소장
1997-2003 원자력안전위원회 위원
2002-2004 대한암학회 이사장
2008-2011 동남권원자력의학원장

강건욱 서울의대 핵의학교실 교수/내과 및 핵의학 전문의
전문분야: 핵의학/분자영상/나노의학

[주요경력]

2000-2006 국립암센터 핵의학과장
2003-2004 미국 스탠포드의대 Bio-X 분자영상프로그램 방문과학자
2007- 서울의대 핵의학교실 교수
2007- 서울대학교 암연구소 연구부장, 기획부장
2011- 대한방사선방어학회 홍보협력이사, 국제협력이사, 총무이사
2012- 서울대학교병원 방사선안전관리센터장
2013- 국제방사선방호위원회(ICRP) 의료분과 위원
2014- 서울대학교병원 핵의학과장

김병일 한국원자력의학원 핵의학과 주임과장/핵의학 전문의
전문분야: 핵의학

[주요경력]

2003-2008 방사선보건연구원 비상의료팀장
2008- 한국원자력의학원 핵의학과장
2009-2010 한국원자력의학원 국가방사선비상진료센터장
2011- 한국원자력의학원 방사성의약품생산사업센터장
2012- 대한핵의학회 대외협력이사
2015- 대한핵의학회 방사선안전위원회 간사

도경현 울산의대 서울아산병원 영상의학과 부교수/영상의학과 전문의
전문분야: 흉부영상의학/방사선영향연구

[주요경력]

2004-2013 한국의료영상품질관리원 연구국장, 교육국장
2007- 울산대학교 의과대학 조교수, 부교수
2013- 방사선안전문화연합회 총무
2014- 대한영상의학회 방사선안전관리이사 겸 위원장
2014- 한국방사선진흥협회 이사
2014- 대한방사선방어학회 홍보협력이사

배종면 제주대 의전원 예방의학교실 교수/예방의학 및 가정의학 전문의
전문분야: 임상역학/암역학/의학통계

[주요경력]

1995-1998 충북의대 예방의학교실 조교수
1998- 제주대 의전원 예방의학교실 교수
2000-2002 국립암센터 암등록통계과장
2002-2007 제주도 지역암등록본부장
2007-2008 캐나다 맥마스터대학 방문교수
2009-2012 한국보건의료연구원 임상성과분석실장
2010-2012 근거창출임상연구국가사업단 연구기획지원실장

성동욱 경희의대 영상의학과 교수/영상의학과 전문의
전문분야: 흉부영상의학

[주요경력]

1992- 경희의대 교수
1993-1994 미국 UCSD교환 교수
2003-2004 대한흉부영상의학회장
2006- 식약청 진단용방사선안전관리 자문위원
2007- 대한의학영상정보학회 부회장
2008-2009 대한방사선방어학회 기획이사
2008- 대한영상의학회 방사선안전관리이사
2008-2011 경희의대 영상의학과 과장, 주임교수
2009- 대한의료영상진단협회 부회장
2012- 대한방사선방어학회 홍보이사

신명희 성균관의대 사회의학교실 교수/예방의학 전문의
전문분야: 예방의학/역학/보건통계

[주요경력]

1997-	성균관의대 사회의학교실 교수
2000-2001, 2008-2009	미국 하바드 보건대학원 방문과학자
2008-	대한암협회 집행이사
2010-	한국역학회 감사
2011-	대한갑상선학회 연구위원
2011-	삼성서울병원 암데이터관리실장

우홍균 서울의대 방사선종양학교실 주임교수
서울대병원 방사선종양학과 과장/방사선종양학 전문의
전문분야: 방사선종양학/방사선생물학

[주요경력]

1998-	서울의대 방사선종양학교실 교수
2001-2002	미국 밴더빌트대학 연구펠로우
2009-2011	대한방사선종양학회 총무이사
2008-	대한암학회 이사
2010-	한국임상암학회 이사
2008-	대한두경부종양학회 상임이사
2007-	대한폐암학회 상임이사

이승숙 한국원자력의학원 국가방사선비상진료센터 센터장/병리전문의
전문분야: 방사선 피폭치료 연구/혈액병리

[주요경력]

1994-	한국원자력의학원 병리과 과장
1998-1999	독일 뷔르츠부르크대학 림프종센터 연구원
2000-2010	한국원자력의학원 실험병리학 연구실장
2000-	한국소비자원 자문위원
2005-2008	대한병리학회 이사
2010-	대한암학회 이사
2010-	한국원자력통제기술원 이사
2010-	한국원자력의학원 국가방사선비상진료센터장
2012-	소비자연맹 대국민정보교류방안 연구자문위원회 자문위원

이윤실 이화여대 약대 약학과 교수
전문분야: 방사선생물학

[주요경력]

1995-1996	미국 국립암연구소 박사후연구원
1997-2010	한국원자력의학원 방사선영향연구부장/연구기획실장
2014-	한국여성과학기술인협회 이사
2015-	방사선생명과학회 부회장
2015-	전자파생체영향연구회 위원장
2015-	여성원자력전문인협회 감사
2016-	대한방사선방어학회 감사

이재기 한양공대 원자력공학과 교수
전문분야: 원자력공학/방사선방호

[주요경력]

1985-1990	한국원자력연구소 원자력안전센터 선임연구원
1990-1993	한국원자력안전기술원 방사선관리전문위원실장
1993-	한양대학교 원자력공학과 교수
1994-1997	원자력위원회 안전전문위원
1993-2001	한국원자력안전기술원 안전심의위원
1997-2003	과학기술부 원자력안전위원회 전문위원
1998-2011	한국방사성동위원소협회 이사, 부회장, 감사
2003-2006	과학기술부 원자력안전위원
2005-	국제방사선방호위원회(ICRP) 위원
2008-2009	대한방사선방어학회장
2009-	한국원자력통제기술원 이사
2012-	한국방사선안전재단 이사장

조건우 한국원자력안전기술원 전문위원
전문분야: 방사선방호/보건물리/방사선차폐

[주요경력]

1982-1986	한국원자력연구원 보건물리실 연구원
1989-1992	한국원자력안전기술원 방사선안전평가실 선임연구원
1992-1994	주오스트리아 한국대사관 과학관보
1994-2011	한국원자력안전기술원 국제정책실장, 방사선방호실장, 방사선연구실장
2011-2013	한국원자력안전기술원 방사선규제단장, 방사선안전본부장
2014-	한국원자력안전기술원 전문위원
2013-	유엔방사선영향과학위원회(UNSCEAR) 한국대표 위원
2013-	국제방사선방호위원회(ICRP) 제4분과 위원
2010-	KAIST 원자력 및 양자공학과 겸직교수
2007-	과학기술연합대학원대학교(UST) 겸임교수(방사선안전)
2008-	대한방사선방어학회 국제협력위원회 위원장
2013-	원자력학회 평의원, 원자력이슈위원회 위원

조재호 연세의대 방사선종양학교실 교수/방사선종양학 전문의
전문분야: 종양방사선치료/정상조직 방사선생물학

[주요경력]

2001-2002	미국 워싱턴대학(St Louis) 실험연구원
2004-	연세의대 방사선종양학교실 교수
2007-2009	미국 텍사스대학 사우스웨스턴 의료센터 연구출장
2011-2012	대한신경종양학회 전이성뇌종양분과 위원장
2011-	대한방사선종양학회 보험, 고시, 윤리, 정도관리위원회 위원, 보험이사
2011-	대한소아뇌종양학회 운영이사, 학술이사, 특별이사
2015-	방사선생명과학회 이사

진영우 한국원자력의학원 국가방사선비상진료센터 센터장/예방의학 및 직업환경의학 전문의
전문분야: 예방의학/직업환경의학/방사선역학/방사선생물학

[주요경력]

1999-2012 방사선보건연구원 방사선영향연구팀장
2006- 한국원자력안전기술원 방사선량평가위원회 위원
2007- 방사선생명과학회 이사
2010- OECD/NEA 방사선방호 및 공중보건위원회 위원
2010-2012 한국연구재단 원자력연구센터 전문위원
2011-2014 교육과학기술부 원자력정책연구심의회 위원
2014- 한국원자력안전기술원 기술기준위원회 방재 및 생활환경분과 위원
2015- 식약처 식품위생심의위원회 방사능분과 위원

최원철 한국원자력안전기술원 면허시험관리팀 책임연구원
전문분야: 원자력/보건물리

[주요경력]

1997-2003 한국원자력안전기술원 피폭방사선량평가 안전성심사 및 검사 수행
2004-2006 고리 원자력발전소 현장 주재 검사원
2007-2011 OECD/NEA 직업피폭 정보시스템(ISOE) 국가 코디네이터
2008-2010 아시아태평양지역 ALARA 네트워크(ARAN) 국제기구 부의장 역임
2012-2014 한국원자력안전기술원 생활방사선안전실장
2014- 한국원자력안전기술원 생활주변방사선PM, 면허시험관리팀

증보 3판 머리말

올해는 후쿠시마 원전사고가 일어난 지 5년, 체르노빌 원전사고가 일어난 지 30년이 되는 해이다. 후쿠시마 원전 주변에서는 방사능오염수가 계속 바다로 유출되고 있으며 해양오염의 공포는 국내산 수산물의 기피현상까지도 초래하였다. 방사선에 대한 일반인들의 관심이 높아지면서 생활주변의 몰랐던 방사선에 대해 많은 정보가 뉴스, 다큐, 인터넷 매체를 통해 새롭게 드러나고 있다. 비행기를 탈 때도 우주방사선을 더 맞는다, 집안의 라돈가스가 암을 일으킨다, CT 등 의료방사선도 안전하지 않다는 보도가 심심치 않게 나오고 있다. 원전 주변의 갑상선암 증가로 인한 집단 소송, 원전 주변 삼중수소 검출 등 새로운 이슈가 떠오르고 있다.

그러나 방사선의 위험과 안전에 대해서는 여전히 전문가 간에 서로 다른 목소리가 나오고 있어 어느 쪽이 맞는지 혼란스럽다.

2판에서는 좀 더 일반인의 눈높이에 맞추고자 1판의 내용을 수정하였고 최신정보로 업데이트를 하고 후쿠시마 방사능오염수 유출, 의료방사선 증가, 라돈가스, 원전 주변 삼중수소 등 최근 이슈를 추가하여 66개의 질문과 응답으로 구성하였다.

지나친 공포는 오히려 독이 될 수도 있다. 예를 들면 방사능오염에 대한 공포로 수산물 섭취를 줄이고 육류 섭취를 늘인다면 대장암 발생 위험도를 높일 수도 있다.

이 책을 통해 방사능에 대한 공포와 혼란 속에서 자신의 길을 찾을 수 있길 바란다.

2016. 2. 29
방사선안전 전문가포럼 일동

머리말

1년 전 일본 후쿠시마 원전 사고와 도로 아스팔트에서 기준 이상의 방사능이 측정된 이후 환경 감시자 관심이 방사선에 집중됐고 고가 방사선량 측정기를 자비로 구입해 곳곳을 측정하는 사례도 많아졌다. 장비로 측정해도 마이크로시버트, 나노시버트 등 어려운 단위만 나올 뿐이다. 월계동 사례를 신고한 환경감시자 블로그에 들어가면 "11월 14일 방사능 수치 측정, 뜨악! 384 nSv/h(시간당 나노시버트)"란 글이 있고 "대구 오전 11시 20분간 cpm(분당방사선계수) 한티성지에서 잰 cpm 평균도 167"이라는 댓글이 올라 있다.

우리나라에 살면 평균 연간 3 밀리시버트의 방사선에 노출된다. 시간당 150~400 나노시버트가 나오는 것은 자연스럽다. 일반인 중 상당수가 자연방사선에 대한 인식이 없고 0이 아니면 위험하다고 생각한다. 일반인 및 임신부 개인 연간 선량한도인 1 밀리시버트가 언론을 통해 알려지면서 1 밀리시버트에 대한 두려움이 생겼다. 마치 1 밀리시버트가 넘으면 큰 위험이 오지 않는가 하는 우려이다. 우리나라에 살면 3 밀리시버트를 생활환경에서 이미 받고 있는데 그렇다면 연간 선량한도의 3배를 받아도 괜찮은 것일까? 지구를 떠나야 하나?

저자들은 일반인들이 알면 알수록 더욱 어렵고 혼란스러운 방사선 및 방사능에 대한 궁금증을 일반인 관점에서 풀어나가고자 하였다. 인터넷 검색을 통해 일반인이 가장 많이 궁금해하는 45개의 질문을 추출하였고 방사선종양학, 영상의학, 핵의학, 예방의학, 산업의학, 방사선생물학, 원자핵공학 등 다양한 분야의 전문가가 6개월간 토론을 통해 답변을 만들었다. 결론은 간단하지만 왜 그런 결론이 나오는지 궁금한 사람은 더 깊이 알 수 있게 결론이 도출되는 근거를 담았다.

이 책을 통해 방사능의 위험이 걱정할 수준인지 아닌지 판단할 수 있길 바란다.

끝으로 이 책의 완성도를 높이기 위해 교정을 해준 서울대학교병원 핵의학과 팽진철 교수와 일반인이 이해할 수 있게 수정을 도와준 KBS-TV "무엇이든 물어보세요?" 성윤화 작가님께 감사드린다.

2012. 10. 31
방사선안전 전문가포럼 일동

목 차

III 자연방사선

Ⅳ 저선량 방사선

V 내부피폭

Ⅵ 방사선 사고

Ⅶ 의료 방사선

물질의 방사능 단위 :

1 베크렐(Bq) : 1초당 1개의 방사성 붕괴가 일어남을 의미함

사람의 방사선 피폭량 단위 :

1 밀리시버트(mSv) = 1천 마이크로시버트(μSv) = 1백만 나노시버트(nSv)

QUESTION 01 ...

방사선이란 무엇인가?

방사선이란?

❖ 에너지 수준이 높은 물체는 불안정하여 안정을 찾으려 한다. 에너지가 높아 불안정한 물체가 안정을 찾기 위해 에너지를 입자나 전자파 형태로 내보내는 것이 방사선이다. 즉, 방사선은 '에너지의 흐름'이다.

방사선은 크게 두 갈래로 나뉘는데 물질을 구성하는 원자를 전리시킬 수 있는 '전리방사선'과 그렇지 않은 '비전리방사선'이다. 전리방사선을 핵방사선이라고도 부르는데 알파입자, 베타입자, 감마선, 중성자, X선 등이 있으며, 비전리방사선에는 가시광선, 적외선, 자외선, 전파 등이 포함된다. 이 책자에서는 말하는 방사선은 전리방사선이다.

방사선원

❖ 방사선을 내는 원천을 방사선원이라 한다. 방사선원에는 방사성핵종과 방사선발생장치가 있다. 방사성핵종은 불안정한 원자가 본성적으로 방사선을 내는 것이며 방사선발생장치는 X선장치처럼 방사선을 내도록 만든 기계장치이다.

방사선 종류와 투과력

❖ 알파입자

알파입자는 헬륨의 원자핵과 같으며 우라늄처럼 무거운 원소에서 방출된다. 알파입자는 에너지를 쉽게 잃으므로 투과력은 매우 약하다. 종이나 인체 피부의 보호층만으로도 차단되므로 외부피폭은 문제되지 않는다. 그러나 체내로 들어간 방사성핵종이 인체조직에서 알파입자를 낼 때는 다른 방사선보다 생물학적 작용력이 크다. 생활환경 공기 중에 존재하는 라돈 가스는 알파입자를 방출한다.

❖ 베타입자

베타입자는 빠르게 움직이는 전자이다. 약간의 투과력이 있어 물이나 인체조직 1 cm 정도를 침투할 수 있다. 인체 밖에서 조사될 때는 피부나 눈의 수정체와 같은 얕은 조직이 주로 피폭한다.

❖ 감마선

방사성핵종이 내는 에너지가 높은 광선(전자파)으로서 투과력이 강하다. 감마선의 강도를 1/10로 줄이는 데는 콘크리트 10~20 cm가 필요하다.

❖ 중성자

중성자는 입자이지만 전기를 띠지 않아 감마선처럼 투과력이 높다. 물질의 원자핵과 반응하므로 생물학적 작용력이 크다. 강한 중성자선은 물질내에 방사능을 만든다.

❖ X선

높은 에너지 전자가 물질과 작용하여 발생시키는 전자파 방사선으로서 주로 인공적인 장치(X선관)로 발생시킨다. 원자핵 안에서 나오는 것을 감마선, 원자핵 밖에서 나오는 것을 X선이라 부른다. X선이든 감마선이든 본질은 광자로서 같다.

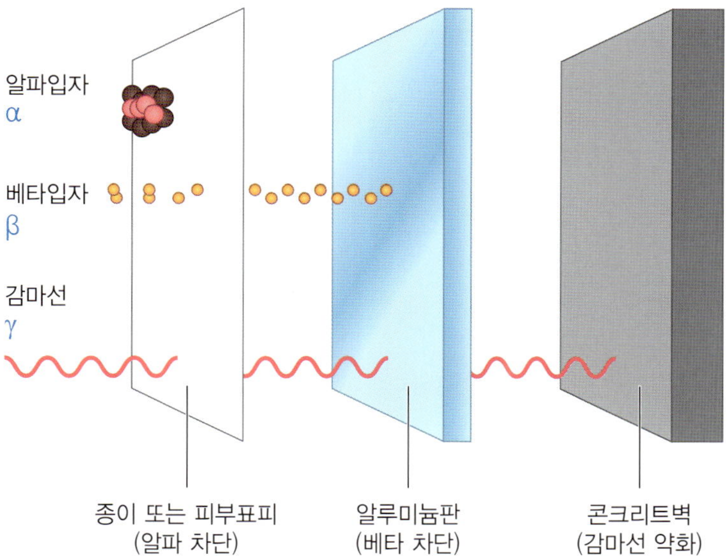

그림 1. 방사선 종류에 따른 물질 투과력 비교.
알파입자는 투과력이 약해 피부를 침투하지 못한다. 베타입자는 피부나 수정체처럼 얇은 조직에 주로 영향을 준다. 감마선이나 X선은 투과성이 강해 신체 깊이 침투한다.

요약

이 책에서 말하는 방사선은 전리방사선이며 그 종류로는 알파입자, 베타입자, 중성자, 감마선, X선 등이 있다. 방사선을 내는 원천이 방사선원인데 방사능이 있는 물질과 방사선발생장치로 대별된다.

QUESTION 02 • • •

방사능이란?

방사능의 의미

❖ 첫째는 어떤 물체가 방사선을 내는 능력이 있다는 일반적 의미이다. "이 돌은 방사능이 있다."처럼 사용한다.

❖ 둘째는 어떤 물체가 방사선을 내는 능력이 얼마나 강한가를 나타내는 물리적 척도로 방사능이 사용된다. 즉, 방사능이란 그 물체 안에서 매 초 몇 개의 원자가 변환(또는 붕괴)되는지를 의미한다. 방사능의 표준단위는 베크렐(Bq)이다. 1 베크렐은 주어진 물체 안에서 매초 1개의 핵변환(또는 붕괴)이 일어나는 강도이다.

물체의 방사능은 그 물체 내에 들어 있는 방사성 원자의 수와 그러한 원자가 1초에 붕괴를 일으킬 확률(이 확률을 '붕괴상수'라 한다.)의 곱으로 표현된다. 초 당 붕괴확률이 100만분의 1인 방사성 원자가 1억 개 들어 있는 물체의 방사능은 100 베크렐이 된다.

실제 방사능 단위는 그 강도에 따라 여러 접두기호를 붙여 사용한다. 1킬로 베크렐(kBq)은 1,000 베크렐이며, 1메가 베크렐(MBq)은 100만 베크렐이다. 1킬로미터(km)가 1000미터인 것과 같다.

❖ 핵변환 수와 그때 방출하는 방사선 수는 다르다. 어떤 핵종은 한 붕괴 당 하나의 방사선을 방출하지만 어떤 핵종은 1개 미만을, 또 어떤 핵종은 여러 개를 방출한다. 즉, 방사성물질이 내는 방사선 수는 방사능에 비례하지만 방사능이 같다고 내는 방사선 종류나 수가 같은 것은 아니다.

방사능의 감소와 반감기

❖ 방사성물질은 방사선을 방출하면서 방사능이 점점 줄어드는데 방사능이 처음의 절반으로 감소하는 시간을 '반감기'라 부른다.

반감기는 방사성핵종마다 고유한 값을 갖는다. 세슘-137은 반감기가 30년이며 갑상선암 치료에 사용하는 옥소-131은 반감기가 8일이다. 어

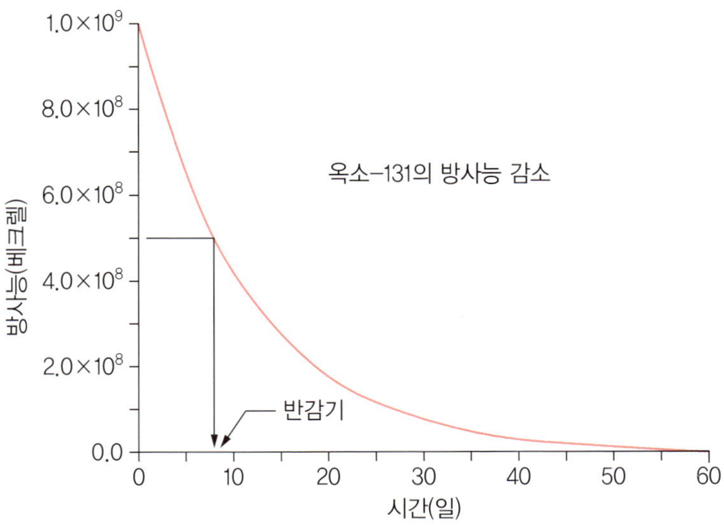

그림 2. 옥소-131(반감기 8일)의 시간경과에 따른 방사능 감소.

알파입자는 투과력이 약해 피부를 침투하지 못한다. 베타입자는 피부나 수정체처럼 얇은 조직에 주로 영향을 준다. 감마선이나 X선은 투과성이 강해 신체 깊이 침투한다.

떤 용기에 지금 세슘-137 방사능이 100기가 베크렐(GBq) 들어 있다면 30년 뒤에는 50기가 베크렐이 되고 60년 뒤에는 25기가 베크렐이 된다.

요약

방사능이란 물체가 방사선을 내는 능력의 척도로서 주어진 물체 안에서 매 초 일어나는 핵변환의 수이다. 방사능의 표준단위는 베크렐(Bq)이다.

물체의 방사능은 시간에 따라 감소하며, 방사능이 절반이 되는 시간이 반감기이다. 반감기는 방사성핵종마다 고유하고 불변이다.

QUESTION 03 ...

방사성핵종, 방사성동위원소, 방사성물질은 어떻게 다른가?

방사성핵종

❖ 원자의 에너지가 높아 불안정하여 스스로 변환(붕괴)하면서 방사선을 방출하는 성질이 있는 핵종을 말한다.

보통의 수소(수소-1)는 원자핵에 양성자 하나가 있고 하나의 궤도전자를 가진다. 중수소(수소-2)는 원자핵에 중성자가 하나 추가된 수소이고 삼중수소(수소-3)는 중성자가 둘 추가된 수소이다. 일반 수소와 중수소는 안정된 핵종이지만 삼중수소는 양성자보다 중성자가 많아 불안정하여 베타입자를 내면서 붕괴한다. 즉, 삼중수소는 방사성핵종이다.

방사성핵종은 인공으로 만든 것이 많지만 천연으로 존재하는 것도 있다. 우라늄이나 토륨, 칼륨-40은 태고부터 자연계에 존재해 왔다. 우주방사선에 의해 만들어지는 천연 방사성핵종(예: 수소-3, 베릴륨-7, 탄소-14 등)도 있다.

인공 방사성핵종은 원자로나 가속기를 이용하여 인공적으로 핵반응을 일으켜 생산한다. 널리 사용되는 인공 방사성핵종의 예는 코발트-60, 옥소-131, 테크네슘-99m, 이리듐-192 등이다.

방사성동위원소

❖ 동위원소 중 방사성인 것을 의미하는 과학적 용어이다. 동위원소란 양성자수가 같지만 중성자수가 다른 원소를 말하며 화학적 성질은 같지만 경우에 따라 불안정하여 방사선을 방출한다. 수소-2는 수소-1에 대해 안정 동위원소이며 수소-3은 방사성동위원소이다. 과학적 의미는 다르나 방사성동위원소와 방사성핵종을 혼용해서 사용하기도 한다.[1)]

방사성물질

❖ 방사성핵종의 농도와 총량이 법정 기준을 넘는 물질을 말한다.

자연계의 모든 물질에는 천연 방사성핵종이 들어 있기 때문에 방사성핵종을 함유하고 있다고 해서 방사성물질로 부를 수는 없다. 즉, 방사성물질이라는 용어는 과학용어가 아니라 규제를 위한 법률용어이다. 방사성물질이 되는 기준은 방사성핵종별로 규정되어 있다.

핵종	원자핵의 종류라는 의미로서 원자핵 내에 있는 양성자와 중성자의 수로써 종류를 구분한다. 수소-1(양성자 1), 수소-2(양성자 1, 중성자 1), 수소-3(양성자 1, 중성자 2), 헬륨-3(양성자 2, 중성자 1), 헬륨-4(양성자 2 , 중성자 2)은 각기 다른 핵종이다.

1) 현행 원자력안전법규는 안전관리 목적에서도 '방사성동위원소'를 사용하고 있는데 적합하지 않다. 안전규제 목적으로는 '방사성핵종'이나 '방사성물질'을 사용하는 것이 바람직하다.

원소	원자핵 안에 있는 양성자의 수에 따라 분류한 원자의 종류이다. 양성자 수가 1이면 수소이고 2면 헬륨, 6이면 탄소, 8이면 산소와 같이 된다.
동위원소	주어진 원소의 어떤 핵종에 대해 원소는 같지만 중성자 수가 다른 핵종을 일컫는 학술용어로서 주로 이용기술 관점에서 사용한다. 수소-2는 수소-1에 대해 동위원소이고 우라늄-235는 우라늄-238에 대해 동위원소이다. '동위'(같은 자리)란 주기율표의 같은 위치를 의미한다.

요약

방사성핵종은 과학용어로서 방사선을 내는 핵종을 의미하며 방사능의 양과는 무관하다. 방사성동위원소도 과학적 용어이며 이용관점에서 사용할 용어이다. 방사성물질은 법률용어로서 방사성핵종의 농도와 총량이 법정 기준을 넘는 물질을 말한다.

QUESTION 04 • • •

방사선피폭이란 무엇인가?

방사선피폭

❖ 이동하는 에너지가 방사선이므로 그 경로에 사람과 같은 물체가 있으면 그 물체가 방사선 에너지의 일부를 흡수하게 되는데 이런 과정을 방사선피폭이라 한다. 즉, 방사선피폭이란 물체에 방사선 에너지가 흡수되는 현상이다. '피폭'이라는 용어 대신에 '노출'을 써도 무방하다. 피폭이란 모든 물질에 대해 사용할 수 있지만 방사선방호 관점에서는 사람의 피폭이 주된 관심대상이다.

외부피폭과 내부피폭

❖ 인체 밖에 있는 방사선원이 낸 방사선을 피폭하는 유형을 '외부피폭'이라 부른다. X선촬영에서 환자가 받는 피폭은 외부피폭이다. 이에 반해 방사성핵종을 섭취하여 몸속에 방사능이 분포하고 거기서 나오는 방사선을 피폭하는 유형을 '내부피폭'이라 부른다. 방사능으로 오염된 공기를 흡입하면 내부피폭을 받는다.

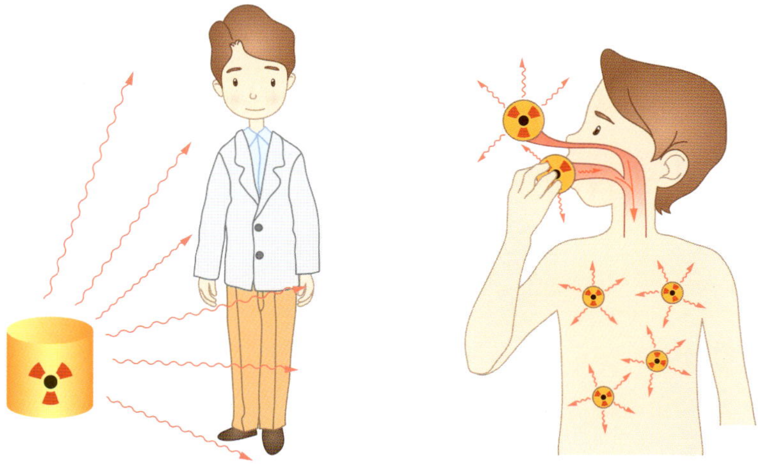

그림 3. 방사선 피폭의 유형.
(좌)외부피폭: 인체 밖에 있는 방사선원으로부터 방출된 방사선에 피폭.
(우)내부피폭: 흡입 등으로 체내에 들어온 방사성핵종이 방출하는 방사선에 피폭.

요약

방사선피폭이란 인체조직에 방사선 에너지가 흡수되는 것이다. 인체 밖에 있는 방사선원에서 나온 방사선을 피폭하는 경우를 외부피폭이라 한다. 자기 몸 속 조직에 분포하는 방사성핵종이 내는 방사선을 피폭하는 경우를 내부피폭이라 한다.

QUESTION 05 ...

방사선량이란?

방사선량

❖ 물체가 방사선에 노출된 정도를 나타내는 양을 '방사선량'이라 한다. 방사선량의 기본개념은 물체 단위 질량 당 흡수된 방사선 에너지량이다.

방사선량의 종류와 단위

❖ 사람이 피폭하는 방사선량의 종류로는 흡수선량, 등가선량, 유효선량이 있다.

'흡수선량'은 물체의 단위 질량 당 흡수된 방사선 에너지량이다. 흡수선량의 단위는 줄(J)/킬로그램(kg)인데 편의상 이를 '그레이'(Gy)라 부른다.

방사선의 종류와 에너지에 따라 흡수선량이 같아도 생물학적 영향에 차이가 있다. 그래서 인체조직의 피폭선량을 표현할 때는 그 차이를 보정한 '등가선량'을 사용한다. 등가선량은 흡수선량에 해당 방사선 가중치를 곱한 값이다. 등가선량은 '시버트'(Sv) 단위로 표현하며, 통상 1/1,000 시버트인 밀리시버트를 쓴다.

인체에는 여러 조직 · 장기가 있는데 각기 방사선 위험이 다르다. 따라서 방사선에 피폭한 사람의 전신에 대한 위험을 나타내기 위한 잣대로서 각 조직의 등가선량에 그 조직의 상대적 위험을 가중하여 평균한 전신선량을 사용하는데 이를 '유효선량'이라 부른다. 유효선량은 방사선 안전관리에 주로 사용한다. 유효선량도 밀리시버트로 표현한다.

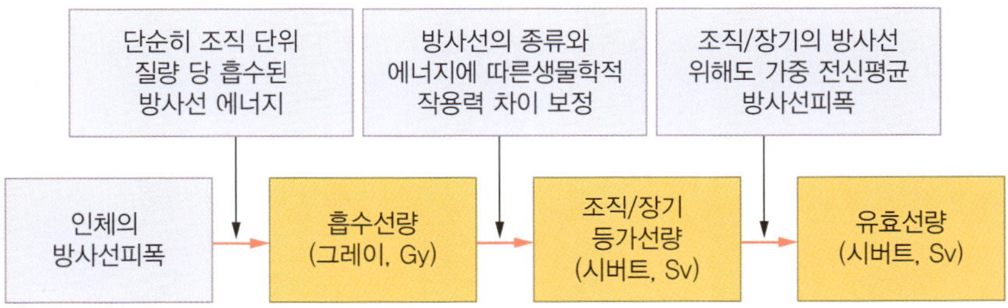

그림 4. 사람이 피폭한 방사선량의 표현.
기본은 그레이 단위를 사용하는 흡수선량이다. 특정 조직이나 장기의 피폭량은 등가선량으로 나타내며, 전신 영향의 척도로는 유효선량을 사용한다. 등가선량과 유효선량의 통용 단위는 모두 밀리시버트이다.

방사선량의 적용

❖ 사고로 인한 심한 피폭이나 의도적 노출(예: 암치료)의 경우처럼 사람이 피폭한 높은 선량은 그레이 단위의 흡수선량으로 표현하는 것이 옳다.

시버트 단위의 등가선량이나 유효선량은 수백 밀리시버트 이하의 낮은 피폭에만 적용한다. 특별한 설명이 없는 방사선량은 유효선량으로 볼 수 있다. "갑돌이가 올해 받은 선량이 2 밀리시버트이다."라고 말한다면 유효선량을 의미한다. 특정 장기의 선량을 나타낼 때는 "후쿠시마 사고 당시 인근 마을의 아베씨가 갑상선에 50 밀리시버트를 받았다."처럼 그 장기를 밝히는 것이 옳다. 이 50 밀리시버트는 유효선량이 아니라 갑상선 등가선량이다.

요약

방사선량은 사람이 방사선에 피폭한 양을 나타내는 척도이다. 통상 말하는 방사선량은 유효선량이다. 특정 조직의 선량은 등가선량인데 '갑상선 등가선량' 또는 '갑상선 선량'처럼 조직을 밝히는 것이 좋다. 등가선량과 유효선량은 주로 밀리시버트 단위로 나타낸다.

QUESTION 06 ...

방사능과 방사선량 관계는?

세슘-137 방사능이 1억 베크렐이라면 방사선량은 얼마인가?

❖ 이 질문에 대한 답은 없다.

외부피폭에서 방사능과 방사선량의 관계는 전구의 출력(예: 100와트)과 사진필름이 감광되는 정도(흑화도)와 같은 관계이다. 전구 출력이 높으면 밝은 빛(높은 광도)을 낸다. 그러나 어떤 장소를 비추는 빛의 밝기(조도)는 전구로부터 거리가 증가하면 반비례하여 줄어든다. 필름의 흑화도는 필름이 있는 위치에서 밝기와 노출시간에 비례하여 증가한다. 결론적으로 필름의 감광 정도는 전구의 밝기, 거리 및 노출시간의 세 인자가 결정되어야 알 수 있다. 방사선 노출도 같다. 전구의 밝기는 방사능에 해당하며 필름의 흑화도는 방사선량에 해당한다. 즉, 방사선량은 방사선원의 방사능, 선원으로부터 사람까지 거리, 그리고 노출시간의 세 인자가 결정되어야 알 수 있다. 질문은 방사능만 주어졌으므로 방사선량을 알 수 없다.

방사선원의 방사능만으로는 외부피폭 방사선량을 알 수는 없다. 거리와 노출시간까지 알아야 한다. 내부피폭이라면 섭취한 방사성핵종의 종류와 형태, 그리고 방사능을 알면 국제방사선방호위원회가 제공하는 기준 환산계수를 적용하여 방사선량을 평가할 수 있다. 기준 환산계수는 방사성핵종, 섭취경로(흡입 또는 취식), 방사성핵종의 물리화학적 형태(입자크기, 화학형), 그리고 섭취한 사람의 연령군별로 제공된다.

방사능과 방사선량의 관계

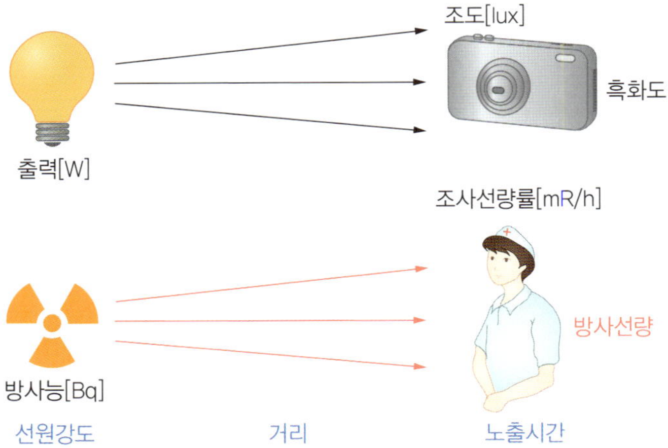

그림 5. 방사선원의 방사능만으로는 외부피폭 방사선량을 알 수는 없다. 거리와 노출시간까지 알아야 한다.

방사능이 같으면 선원 강도가 같은가?

❖ 꼭 그렇지는 않다. 전구의 출력이 같더라도 전구의 종류가 백열등인지, 형광등인지, LED전구인지에 따라 빛의 밝기가 다르듯이 방사능이 같더라도 그 방사성핵종이 세슘-137인지, 코발트-60인지에 따라 내는 방사선의 종류, 에너지 및 수가 달라진다.

요약

외부피폭 선량은 방사능, 거리, 노출시간을 알아야 평가할 수 있다. 방사능만으로는 방사선량을 알 수 없다. 내부피폭 선량은 섭취한 방사능에 국제방사선방호위원회의 기준 환산계수를 곱해 산출한다.

QUESTION 07 ...

방사선에 노출되면 몸속에 방사능이 생기는가?

방사능과 방사선

❖ 방사능은 어떤 물체가 방사선을 내는 능력이며 방사선은 그런 물체가 내보내는 에너지이다. 이 관계는 전구출력과 나오는 빛의 관계와 같다. 즉, 전구의 출력(소비전력)이 방사능이라면 나오는 빛이 방사선이다. 전구 출력이 높을수록 밝은 빛을 내듯이 방사능이 큰 물체는 더 많은 방사선을 방출한다.

방사선이 방사능을 만드는가?

❖ 중성자나 에너지가 매우 높은 방사선이 물질에 입사하면 그 물질을 구성하는 원자와 반응하여 방사성핵종을 만들기도 한다. 그러나 보통 접하는 감마선이나 X선 또는 베타입자는 그런 능력이 없다. 일반적으로 말하면 사람이 방사선을 피폭한다고 몸속에 방사능이 생기는 것은 아니다.

같은 원리가 조사식품이나 방사선가공 제품에도 적용된다. 즉, 방사선(주로 감마선 또는 전자선)으로 처리한 식품이나 의료용품이 이 처리 때문에 방사능을 함유하지 않는다.

중성자나 높은 에너지 방사선을 피폭하면 방사능이 생길 수 있지만 그렇게 생성된 방사능 때문에 피폭하는 양은 처음 방사선 피폭량과는 비교되지 않을 정도로 작다. 무엇보다 일반인은 방사능을 만드는 능력이 있는 종류의 방사선을 피폭하는 경우가 없다. 암치료 목적으로 양성자빔이나 중이온 빔을 환자에게 조사하면 소량의 방사성핵종이 생성되기도 하나 대부분 반감기가 짧아 빠르게 소멸된다.

그림 6. 유통되는 대부분 청토파즈는 중성자를 조사하여 색깔을 바꾼 것으로서 미량의 방사능을 띠지만 사용자의 안전과는 무관하다.

요약

방사선을 피폭한다고 몸속에 방사능이 생기는 것은 아니다. 조사식품이나 멸균제품도 마찬가지이다.

QUESTION 08...

방사선은 인체에 어떤 영향을 미치나?

조직반응

❖ 결정론적 영향이라고도 부르는 조직반응은 단기간에 높은 선량을 피폭한 조직에서 대체로 급성으로 발생한다. 조직반응이 발생하는 기전은 많은 세포의 살상이나 기능마비이다. 조직반응의 예는 눈의 백내장, 피부의 방사선 화상 등이다.

조직반응은 피폭선량이 그 이상일 때 증상이 나타나는 '문턱선량'이 있다. 문턱선량은 조직마다 차이가 있지만 등가선량으로 적어도 100 밀리시버트 이상이며 우려할 수준의 영향은 500 밀리시버트 이상에서 발생한다. 정상적인 상황에서는 이렇게 높은 선량을 피폭하지 않으므로 전혀 문제가 되지 않는다. 원폭이나 원자력사고의 피해자, 그리고 방사선으로 암치료를 받는 환자에게서 문제가 된다.

피부에 닿는 물체의 온도와 화상은 결정론적 관계이다. 400도 물체에는 한 번 닿아도 화상을 입지만 40도 물체에는 여러 번 닿아도 괜찮다. 화상의 문턱온도 이내이기 때문이다.

❖ 통상 말하는 '치사선량'은 몸통 전체가 해당 선량을 받은 후 특별한 치료가 없을 때 사망할 것으로 보는 선량으로서 약 7천 밀리시버트

로 본다. 피부나 갑상선 등 일부 특정 조직만 피폭한 경우는 해당 조직의 등가선량이 이보다 훨씬 높아도 생명을 직접 위협하지는 않는다.

피폭 직후부터 집중치료하면 치사선량을 어느 정도 넘은 피해자도 구할 수 있다.

❖ 조직반응의 발현 시기는 대체로 피폭 후 수주 이내이지만 백내장이나 심혈관질환처럼 오랜 시간 후에 발현하는 경우도 있다.

확률론적 영향

❖ 암 유발로 대표되는 확률론적 영향은 세포의 돌연변이에 기인하며 단일 세포의 영향에 우발적으로 기인한다. 방호목적으로는 문턱선량이 없이 위험이 피폭선량에 비례하는 것으로 가정한다. 우발적 인과관계이므로 방사선피폭과 영향의 발생(예: 암 진단)을 직접 연계할 수는 없으며 확률론적으로만 평가할 수 있다. 백혈병은 물론 생식세포 피폭으로 인한 후손의 유전결함도 확률론적 영향이다.

❖ 명목상 평균 위험은 100 밀리시버트 당 0.5%로 평가하지만 개인적 위험은 인종, 성별, 피폭당시 연령, 개인 유전소인 등에 따라 달라진다.

❖ 방사선피폭 후 암이 진단되기까지는 발암과 진전과정을 거쳐야 하므로 적어도 수년 이상 걸린다. 아동 백혈병이나 갑상선암은 수년에 나타날 수 있지만 기타 고형암은 5년 이상 걸릴 것으로 본다.

태아의 위험

❖ 빠르게 성장하는 태아는 세포분열이 잦아 방사선에 상대적으로 민감하다. 특히 기관형성기(수태 후 2주~8주)에 문턱선량(약 100 밀리시버트)을 넘어 피폭하면 기형이 발생할 수 있다. 그러나, 피폭선량이 수십 밀리시버트 이내라면 안전하다. 2주 이전에 100 밀리시버트를 넘어 피폭하면 기형유발보다는 배아소실을 초래한다. 태내 피폭으로 인한 출생 후 암 위험은 성인 피폭에 비해 2~3배 높은 것으로 평가한다.

요 약

급성 조직반응은 단기간에 100 밀리시버트 이상(우려할 영향은 500 밀리시버트 이상)의 높은 선량을 받은 조직에서 발생하므로 일상에서는 해당 없다. 확률론적 영향인 암이나 유전결함의 위험은 문턱 없이 선량에 비례하는 것으로 가정한다. 명목적 평균 암 위험은 100 밀리시버트 당 0.5%로 본다. 기관형성기의 태내 피폭은 기형위험이 있지만 태아선량이 수십 밀리시버트 이내라면 안전하다.

QUESTION 09 • • •

방사선을 많이 피폭하면 어떤 증상이 있나?

방사선피폭을 오감으로는 감지 불가

❖ 극단적으로 높은 선량률이 아니면 방사선피폭을 느낄 수는 없다. 방사선피폭으로 인한 보건영향은 피폭 후 시간이 경과하면서 단계적으로 진행된다. 극단적으로 높은 선량률에 노출하면 신경계 손상으로 인한 통증이 있는 것으로 보고되지만 이 정도면 이미 치사선량을 넘었을 것이므로 감지여부는 의미가 없다.

문턱선량 이상이더라도 시간을 두고 나누어 받으면 조직반응이 나타나지 않을 수 있다. 예를 들어 피부에 한꺼번에 10000 밀리시버트를 받으면 물집과 피부염이 생기지만 1주에 2000 밀리시버트씩 5주에 나눠 받으면 홍반 정도로 그친다.

조직반응은 선량에 비례하여 심각해진다

❖ 문턱선량을 넘은 경우 증상의 심각도는 선량에 비례하여 증가한다.

피부가 높은 선량을 받으면 '방사선화상' 증상이 나타난다. 2000 밀리시버트 정도에서는 햇볕화상과 유사한 일시적 홍반이 발생하며 6000 밀리시버트 정도가 되면 본격 홍반과 영구탈모가 진행된다. 1만 밀리시버트에서는 물집과 피부염으로 발전하며 2만 밀리시버트 정도에 이르면 영구적 조직궤사가 일어난다.

❖ 짧은 기간에 전신에 1000 밀리시버트 정도를 피폭하면 약 10%가 식욕부진, 피로감, 메스꺼움 등의 전구증상을 보인다. 4000 밀리시버트 내외를 피폭하면 2-4주 뒤 골수기능 저하로 감염 등 심각한 문제가 발생하고 잘 치료하지 않으면 사망할 위험이 약 50%가 된다. 이런 증상들을 '급성방사선증후군'이라 부른다.

일반적으로 조직반응은 피폭 직후에 예비증상(전구증상)을 보이다가 안정되는 듯한 시기를 거쳐 주증상이 발현하는 방식으로 진행된다. 선량이 높을수록 이런 단계가 오는 시간은 단축되며 증상도 더 심각해진다.

어떤 전구증상 또는 유사한 증상이 있다고 반드시 많은 방사선을 피폭한 것은 아니다. 1988년 브라질 고이아니아에서 시가지 방사선 오염 사고가 있었는데 여러 사람들이 식욕부진, 피로감, 오심 등 증상을 보였다. 그러나 대부분 심리적인 불안으로 인한 가성증상으로 밝혀졌다.

확률론적 영향(암)은 전구 증상이 없다

❖ 암은 악화된 단계가 될 때까지는 특별한 증상을 드러내지 않는다. 방사선피폭으로 유발된 암이나 다른 원인으로 인한 암이 구분되지 않는다. 따라서 방사선피폭으로 인한 지발성 확률론적 영향을 미리 식별할 증상은 없다.

요약

낮은 선량에서는 방사선피폭으로 인한 아무런 증세가 없다. 문턱선량을 넘었을 때 나타나는 급성 조직반응도 피폭 후 어느 정도 시간이 지나야 발현한다. 식욕부진, 피로감, 메스꺼움과 같은 증상은 심리적 작용으로 나타날 수도 있음에 주의할 필요가 있다.

QUESTION 10…

방사선은 얼마나 피폭하면 위험한가?

조직반응 위험

❖ 경미한 조직반응은 100 밀리시버트 정도부터 관찰되지만 주목할 조직반응은 단기간에 500 밀리시버트 이상의 등가선량을 피폭한 경우에 나타난다. 그러니까 결정론적 영향의 관점에서는 500 밀리시버트 미만은 안전하다고 말할 수 있다.

일반인은 이렇게 높은 선량을 받는 일이 거의 없다. 후쿠시마 사고 당시 인근 주민이 받은 최고 선량도 수십 밀리시버트 수준에 지나지 않는다.

확률론적 영향의 위험

❖ 확률론적 위험에 대해 어느 정도가 위험한가를 말하는 것은 어렵다. 이 판단에 객관적 잣대가 없고 주관이 크게 작용하기 때문이다. 자동차 운전이 위험하다고 생각하는 사람이 있는가하면 안전하다고 생각하는 사람도 있다.

❖ 굳이 판단하자면 기존의 위험(질병, 사고 등)을 유의하게 증가시키지 않는 수준이면 안전하다고 말할 수 있을 것이다. 기존 위험은 연

령에 따라 변한다. 30대까지는 연간 1천 명 중 1명 정도의 위험이 따르지만 40대부터 증가하여 80대가 되면 연간 10명 중 1명 수준까지 높아진다. 그렇다면 기존 위험의 1% 정도 즉, 연간 10만 명 당 1명의 위험은 안전하다고 볼 수 도 있다. 방사선에 상대적으로 민감한 아동이 매년 10 밀리시버트를 피폭하면 이 정도 위험이 증가하므로 연간 10 밀리시버트 정도의 방사선피폭은 안전하다는 결론이 된다.

기존 위험과 매년 10 밀리시버트 방사선 피폭으로 인한 증가 위험의 비교. 출생부터 매년 10 밀리시버트를 피폭해도 총 위험 증가는 유의하지 않다.

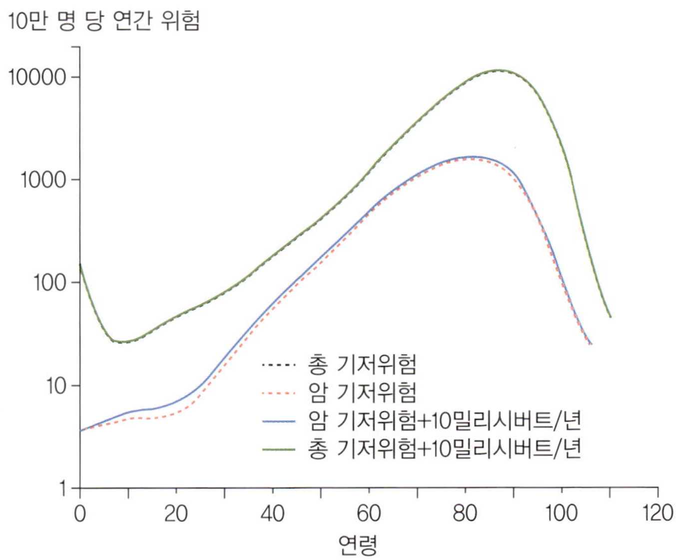

그림 7. 기존 위험과 매년 10 밀리시버트 방사선 피폭으로 인한 증가 위험의 비교.
출생부터 매년 10 밀리시버트를 피폭해도 총 위험 증가는 유의하지 않다.

❖ 국제방사선방호위원회가 방사선작업종사자에 대해 권고하는 연간 선량한도는 20 밀리시버트이다. 직장이 주는 이득을 고려할 때 이 정도 방사선량은 안전하다고 볼 수 있다는 판단에 따른 것이다.

❖ 일본이 후쿠시마 인근 오염지역에 주민(아동을 포함)의 거주를 용인하는 기준으로 첫해에 20 밀리시버트를 설정했다. 즉, 일본 정부는 주민을 소개함에 따르는 부작용 등을 고려할 때 이 수준 선량은 안전하다고 본 것이다. 그러나 이 정도도 위험하다고 보는 사람이 있는 것은 당연하며 그래서 정부의 지침에도 불구하고 아이들은 외지로 보낸 가정이 더러 있다.

평소 받아온 방사선량과 비교

❖ 누구를 막론하고 우리는 평소에 상당한 방사선을 피폭하고 있다. 주된 원인은 자연에 존재하는 방사선인데 땅에서 오는 지각방사선도 있고 우주에서 오는 우주방사선도 있다. 우리국민은 평균적으로 매년 4 밀리시버트 정도의 자연방사선을 피폭한다. 그러나 지역에 따라 그리고 주택의 유형에 따라 자연방사선 피폭량은 차이가 있어 어떤 사람은 연간 2 밀리시버트 정도를 피폭하고 어떤 사람은 연간 5 밀리시버트를 넘어 피폭한다. 그럼에도 자신이 받는 자연방사선에 대해 신경을 쓰는 사람은 거의 없다.

달리 말하면 지역간 자연방사선 피폭량의 차이(연간 수 밀리시버트)보다 작은 방사선피폭에 대해 위험을 말하는 것은 무의미하다.

티끌모아 태산이듯 연간 수 밀리시버트도 한 사람에게 다수 집중된다고 가정하면 위험한 높은 선량이 된다. 그러나 그 가정은 어떤 사람이 1억 명이 흘린 100원짜리 동전을 주워 100억 부자가 되었다는 가정과 오십보백보이다.

요약

위험하냐 안전하냐 판단에는 주관이 개입되므로 어느 정도 방사선량이 안전하다고 단정하는 것은 어렵다. 그러나 자연방사선 피폭량의 지역간 차이 정도 방사선량에 대해서는 위험을 논하는 것 자체가 무의미하다.

QUESTION 11 …

아동은 성인보다 몇 배나 더 위험하지 않은가?

일반인 선량한도는 민감한 아동기에 받는 피폭도 고려하여 설정된 것이다

❖ 아동이 성인보다 방사선에 민감하다는 데는 두 가지 이유가 있다. 첫째는 분열하는 세포가 방사선에 민감하다는 사실과 아동세포는 많이 분열한다는 사실이다. 둘째는 아동은 잔여 수명이 길기 때문에 방사선 피폭 후 암이 발생할 기회가 더 많다는 사실이다.

그 결과 남녀 차이는 있지만 영아는 평균적 개인에 비해 3~5배 정도 위험이 높다.

사실 소아만 더 높은 위험에 처하는 것이 아니라 여성도 남성보다 위험이 30% 이상 높다. 뿐만 아니라 유전적으로 암에 취약한 사람은 다른 사람보다 위험이 몇 배 더 높을 수도 있다. 또, 라돈 방사능에 노출될 때 흡연자는 비흡연자보다 폐암 위험이 20배 이상 높은 것으로 평가한다. 이러한 개인차 모두를 고려하여 서로 다르게 방호기준을 설정하기도 어렵거니와 설정하더라도 복잡하여 운용이 매우 어렵기 때문에 '평균적 개인'을 기준으로 방호기준을 설정한다.

나아가 현행 일반인 선량한도는 유아기에도 방사선을 피폭하는 것으로 보고 설정한 것이다.

❖ 일반인 선량한도는 매년 그 수준으로 일생동안 방사선을 피폭하더라도 위험이 용인할 수 있는 범위에 있다는 판단으로 설정된다. 이에 비해 민감한 아동기는 10년 정도이므로 그 기간에 연간 1 밀리시버트 정도를 피폭한 것이 생애 총 위험을 과도하게 증가시키지는 않는다.

❖ 더욱 중요한 사실은 아동도 예외 없이 자연방사선을 피폭한다는 점이다. 자연방사선 피폭량은 주거 환경에 따라 매년 2 밀리시버트부터 10 밀리시버트 이상까지 분포한다. 즉, 주거환경에 따라 매년 5 밀리시버트도 차이날 수 있다. 이에 비해 대개의 일반인 피폭 사건은 비교적 단기간(몇 년 정도)에 연간 1 밀리시버트보다도 작은 피폭을 준다. 후쿠시마 사고로 우리 국민이 피폭하는 선량도, 도로의 방사능 오염사건에서도 그렇다. 다시 말해서 1 밀리시버트도 되지 않는 피폭을 두고 아동의 민감성을 논의하는 것 자체가 무의미하다.

선량이 더 높은 기존피폭이나 의료피폭에서는 아동보호를 위한 배려가 필요하다

❖ 더 높은 선량을 피폭하는 경우라면 아동의 상대적 민감성을 고려할 필요가 있다.

후쿠시마 인근 오염지역에 주민 복귀 기준으로 연간 20 밀리시버트를 설정한데 대해 아동의 민감성을 들어 반론이 제기되는 이유이기도

하다. 아동이 매년 20 밀리시버트를 다년간 계속 받는다면 아동의 민감성을 고려할 때 과도하게 높다고 볼 수 있다. 그러나 20 밀리시버트 기준은 첫 1년간에 적용되는 것이며, 이후 제염이나 자연 감소에 의해 피폭여건이 개선됨에 따라 가령 2년차는 5 밀리시버트, 다음 해는 2 밀리시버트 등으로 조정될 것이다. 즉, 방사선 피폭준위가 매우 낮아질 때까지 기다림으로써 장기간 생활터전을 잃는 고통을 감수할 것인지 다소간 피폭을 감수하며 조기에 일상을 되찾을 것인지는 이해당사자들의 선택문제로 보아야 한다.

선량한도가 적용되지 않는 의료피폭의 경우 특히, 절차 당 환자선량이 높은 CT촬영 같은 경우에는 해당 아동에게 이러한 절차가 꼭 필요

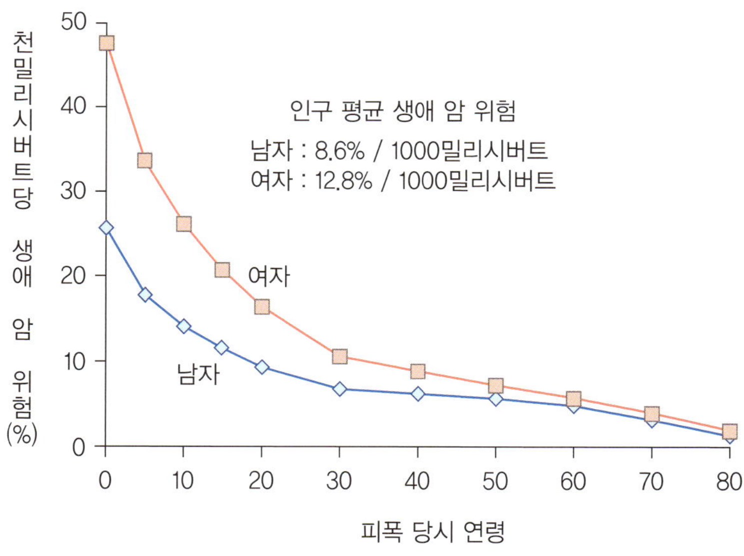

그림 8. 연령별 방사선유발암 위험 변화 추이.
나이가 어릴수록 위험이 높아져 성인에 비해 아동의 위험은 3~5배 높다.

한지 신중히 검토해야 하고, 필요한 경우에도 진단목적을 달성하면서 소아환자의 선량을 최소화하는 방안을 강구해야 한다.

요 약

영아나 아동의 방사선 감수성이 성인에 비해 높은 것은 분명하다. 그러나 아동의 피폭이 문제되는 대부분 사건에서 피폭선량은 연간 1 밀리시버트도 되지 않게 낮다. 자연방사선 피폭(우리나라 평균 연간 4 밀리시버트)보다 충분히 낮다면 그 위험을 논의하는 것 자체가 무의미하다. 선량이 높은 기존피폭이나 의료피폭에서는 아동보호에 추가적 배려가 필요하다.

QUESTION 12...

원폭피해생존자 후손에서 태어난 기형아 사진이 많던데?

임신 초기에 많은 방사선을 피폭하면 기형위험이 높다

❖ 방사선피폭으로 인한 기형아는 두 갈래로 구분한다. 첫째는 태아가 많은 방사선을 피폭한 때 결정론적으로 발생하는 상해성 기형이고, 둘째는 부모의 방사선 피폭으로 돌연변이한 생식세포로부터 태어나는 유전성 기형이다.

태내에 있는 아이(특히 임신 후 8~16주인 기관형성기에 있는)가 문턱선량(약 100 밀리시버트)을 넘어 피폭하면 상해성인해 기형아 출산 위험이 높다. 소위 '원폭 기형아'는 대개 여기에 속한다.

후손에서 태어난다는 것은 유전적 영향을 의미하는데 생식세포 돌연변이로 인한 기형의 증가는 유전이론이나 동물실험으로 인정은 되지만 아직 사람에게서는 확인되지 않았다. 원폭피해 생존자 후손에서 기형이 다른 집단에 비해 유의하게 높게 나타난 역학연구 결과는 없다. 원폭피해자 후손 유전질환으로 설명하는 많은 사진은 태내 피폭으로 발생한 신체적 영향에 의한 것이다.

방사선 유발 기형으로 주장하는 사진들은 대부분 방사선과 무관한 것이다

❖ 원폭피해자뿐만 아니라 체르노빌 인근지역에서 태어났다는 온갖 모습의 기형아 사진과 기형 동식물 사진도 인터넷에 게시되거나 전시회로 열리고 있다. 그러나 이들 사진은 히로시마, 나가사키 또는 체르노빌 인근에서 발견되었을 뿐 그것이 방사선 때문이라는 증거는 없는 것이다. 때로는 전혀 다른 지역에서 발견된 것도 방사선 피해지역에서 발견된 것처럼 게시된다.

일반적으로 신생아 100명 중에는 신체적 또는 정신적 중증 지체자가 2명 정도 태어난다. 서울에서만 매년 이러한 장애아가 2천 명 이상 태어난다는 의미이다.

히로시마, 나가사키, 체르노빌 지역도 예외가 아니므로 우발적으로 이러한 기형아들은 태어나기 마련이다. 서울에서 매년 출생하는 2천여 명은 누구도 주목하지 않지만 원전 인근에서 한 명이라도 태어나면 마치 그것이 방사선 때문이듯 촬영하고 보도하고 게시한다.

요약

방사선 탓이라는 기형 동식물은 물론 기형아 사진은 많으나 실제 방사선 영향으로 인정할 수 있는 것은 피폭 당시 태아로서 적어도 100 밀리시버트 이상을 피폭한 경우에 해당하는 소수뿐이다. 대부분 사진은 방사선피폭과 무관하게 우연히 그러한 지역에서 태어난 기형아로 보는 것이 합리적이다. 특히 유전적 결함에 의한 기형아 출산 위험은 매우 낮아 우려할 사안이 아니다.

QUESTION 13...

유전영향은 먼 후손에서도 나타날 수 있는데 어떻게 지금 안전하다고 할 수 있나?

인류가 방사선을 피폭한 역사는 길다

❖ 사람에게서 방사선에 의한 유전영향을 연구하는 주요 대상집단은 일본 원폭피해 생존자 후손이다. 따라서 사람에게서 유전결함의 유의한 증가가 발견되지 않는다는 데 대한 직접 증거는 아직 60여년의 경험으로서 피폭자의 두 세대 후손 정도이다.

❖ 그러나 그 이후 세대에서도 놀랄만한 유전적 결함이 발견되지 않을 것임에는 다음과 같은 추론이 가능하다.

사람의 유전결함은 점 돌연변이보다는 둘 이상 유전자 탈락에 기인하는 경우가 많은데 이런 결손을 가진 유전자는 첫 두 세대에서 도태 확률이 높다. 시뮬레이션 결과는 5대 혹은 10대까지 평가한 유전영향이 두 세대만 평가한 결과보다 크게 증가하지 않는다.

인류는 탄생부터 자연방사선을 상당한 수준으로 받아 왔다. 매년 1 밀리시버트만 계산하더라도 생식 연령기간 동안 세대 당 약 30 밀리시버트를 대대로 피폭해 왔다. 만약 방사선을 피폭한 먼 후대에 유전질환이 현저히 증가한다면 현존 인류는 유전질환집합체일 것인데 사실은 그렇지 않다.

요약

후세대에 심각한 유전질환 발생은 생각하기도 싫은 일이지만 낮은 선량 피폭에서는 그 실제 위험은 우려하지 않아도 좋을 만큼 작다. 원폭피해 생존자 후손을 포함하여 사람에게서 방사선피폭으로 인한 유의한 유전결함 증가의 직접 증거는 아직 없다. 오랜 자연방사선 피폭에도 인류가 번영하는 사실과 함께 유전학적 법칙은 일반적인 선량 수준에서 방사선의 유전적 영향이 먼 후대에도 우려할 수준이 아님을 내보인다.

QUESTION 14...

사람이 받는 방사선량은 어떻게 측정하나?

방사선량을 측정하는 방법은 다양하다

❖ 가장 보편적 방법은 방사선량을 측정하도록 제작된 도구인 개인선량계를 이용하는 것이다. 개인선량계는 수동형과 능동형이 있다. 수동형은 방사선에 노출된 효과를 누적시키는 성질이 있는 물질(예: 필름, 열형광물질, 특수 유리 등)을 내장하고 있는데 피폭 후 판독장치를 이용하여 누적된 정보를 읽어 선량을 평가한다. 능동형(전자선량계)은 전지로 작동되는 소형 방사선측정기와 같은 것으로서 지금까지 피폭한 선량을 직접 지시한다. 모든 방사선작업종사자는 작업할 때 반드시 개인선량계를 패용하도록 법규가 규정하고 있다.

❖ 방사성핵종을 체내에 섭취하여 받는 내부피폭은 생물검정이나 노출환경 감시를 통해 평가한다. 생물검정은 인체 밖에서 고감도 방사선 검출기로 체내에 있는 방사능을 측정하여 섭취량을 평가하고 선량으로 환산하는 방법과, 소변과 같은 배설물 중의 방사능을 분석하여 섭취량과 선량을 평가하는 방법이 있다. 노출환경 감시법은 작업장의 공기 중 방사성핵종 농도를 측정하고 작업자의 호흡량을 곱해 섭취량과 선량을 평가하는 방법이다.

❖ 개인선량계가 없는 일반인이 사고로 피폭한 경우에는 그 사람 주변의 물체(예: 치아, 시계 진자, 전화기의 반도체 등)가 받은 방사선량을 평가하여 사람이 받은 선량을 추정할 수 있다. 또, 피폭한 사람의 혈액을 취하여 세포 염색체 변화를 측정하여 선량을 평가하기도 한다. 이 방법을 생물학적 선량계측이라 한다. 사고로 높은 방사선량을 피폭한 경우에는 나타나는 조직반응 즉, 임상증상을 관찰하여 근사적으로 선량을 추정할 수도 있다.

개인선량계를 사용하지 않고는 낮은 선량은 측정할 수 없다. 피폭자 주변 물체를 분석하거나 생물학적 선량계측 방법으로는 약 100 밀리시버트를 넘는 선량만 평가할 수 있다.

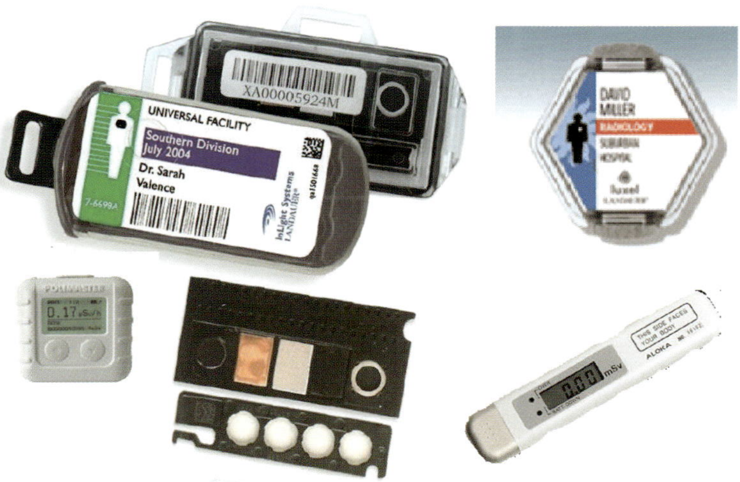

그림 9. 여러 가지 개인선량계.

방사선작업종사자는 작업할 때 반드시 이런 선량계를 패용해야 한다. 전자선량계는 사용자가 직접 선량을 읽을 수 있다.

일반인의 방사선량 평가

❖ 정상적인 상황에서는 일반인이 받는 방사선량이 매우 낮기 때문에(1년에 1 밀리시버트 미만) 개인선량계로도 측정하기 어렵다. 따라서 예를 들어 원전 주변지역 주민이 원전 가동 때문에 받는 방사선량은 계산적 평가에 따른다. 원전 배기구나 배수구를 통해 환경으로 나가는 방사능을 측정한 결과를 대기 또는 수중 확산 모델과 결합하여 계산함으로써 인근 지역의 방사능 농도를 추정하고 그로부터 주민의 선량을 평가한다.

요약

방사선작업종사자가 받는 외부피폭 방사선량은 지급된 개인선량계를 이용하여 측정한다. 내부피폭은 생물검정이나 노출환경 감시를 통해 평가한다. 사고로 인해 개인선량계가 없는 사람이 피폭한 경우에는 생물학적 선량계측과 같은 보조기법을 통해 선량을 평가한다. 일반인의 매우 낮은 선량은 측정할 수준이 되지 않아 모델을 통한 계산으로 평가한다.

QUESTION 15...

자연방사선은 어디서 오는가?

땅에서, 그리고 우주에서

❖ 자연방사선이란 자연계에서 오는 방사선을 말하며 지각방사선과 우주방사선(또는 간략히 우주선으로 부르기도 한다)으로 대별된다.

❖ 지각 방사선은 지각에 존재해 온 천연 방사성핵종이나 지구에 도달한 우주방사선이 대기나 지표 물질과 반응하여 만든 우주선산물 방사성핵종이 내는 방사선이다. 지각 방사능의 대부분은 우라늄-238 및 토륨-232와 그 자손핵종들이다. 이 자손핵종들을 각각 우라늄 시리즈, 토륨 시리즈로 부르기도 한다. 그밖에 칼륨-40도 중요한데 천연 칼륨에는 약 0.012%의 칼륨-40이 함유되어 있다.

우라늄-238 붕괴계열 핵종의 하나인 라돈-222는 불활성기체여서 일부가 땅속으로부터 공기 중으로 새 나온다. 실내공간에 라돈 농도가 높으면 거주자의 폐암 위험이 증가하는 것으로 나타난다. 라돈은 인류가 피폭하는 방사선량의 50% 이상을 기여한다.

우주선산물 방사성핵종으로는 베릴륨-7, 탄소-14, 알루미늄-26, 염소-36, 칼슘-41, 옥소-129 등이 있다.

❖ 우주방사선은 태양과 같은 항성의 핵융합반응에서 나오는 방사선이 지구에 도달한 것을 말한다. 대부분 고에너지 양성자 형태로 오며 대기권에 입사하면 공기를 구성하는 원자들과 반응하여 중성자, 파이온, 전자, 감마선 등 다양한 2차 방사선을 발생시킨다.

우주방사선은 대기권에 깊이 들어올수록 공기의 차폐효과로 강도가 약해져 해수면에서는 방사선량률이 미미하다. 그러나 공중으로 올라갈수록 증가하여 국제선 항공기 순항고도인 10~12 km 높이에서는 지표보다 10배쯤 높다. 또, 지자기 영향을 받으므로 적도보다는 극권 쪽 선량률이 높다.

서울에서 미국이나 유럽을 왕복하면 비행 중 피폭하는 우주 방사선량은 약 0.1 밀리시버트 정도이다.[3)]

자연계에 존재해 온 천연방사성물질

❖ '방사성물질'은 법정 용어로서 방사능 농도와 총량이 일정기준을 넘는 물질을 말한다. 천연방사성물질(NORM)이란 천연으로 존재하는 광물이나 이러한 광물을 이용하는 과정에서 발생하는 부산물로서 방사능 수준이 방사성물질에 해당하는 것을 말한다. 흔하지는 않지만 자연계에는 이러한 물질들이 있다.

요약

우리는 방사선을 일상적으로 받으며 살고 있다. 자연계에 존재하는 천연 방사성핵종이나 자연방사선 때문이다. 자연방사선 수준보다 훨씬 작은 방사선피폭에 대해 위험성을 제기하는 것은 적절하지 않다.

---

3) 항공노선별 우주선 피폭량은 인터넷(http://www.sievert-system.org/WebMasters/ en/evaluation.html)을 통해 확인할 수 있다.

QUESTION 16…

우리는 자연방사선을 얼마나 피폭하나?

우리국민의 연간 자연방사선 피폭은 4 밀리시버트

과거에 평가한 자연방사선량은 세계 평균이 연간 2.4 밀리시버트이고 우리나라는 3 밀리시버트였다. 2009년 국제방사선방호위원회가 공기 중 라돈에 의한 선량계수를 약 2배로 높였기 때문에 지금 재평가하면 세계 평균은 약 3 밀리시버트, 우리나라 평균은 약 4 밀리시버트가 될 것이다.

지역과 건축물 유형에 따라 자연방사선 피폭량은 다르다

❖ 자연방사선 피폭량의 대부분을 차지하는 성분은 지각 감마선과 공기 중 라돈으로서 각각 전체의 34%와 45%을 차지한다. 지각 감마선은 지역에 따라 차이가 있으며 라돈은 지역뿐만 아니라 건축물 유형에 따라서도 상당한 차이가 난다. 지각 감마선은 중부지방이 대체로 높아 연간 1.4 밀리시버트 정도를 주는 한편 제주도는 낮아 연간 0.7 밀리시버트 정도를 준다. 라돈 선량의 편차는 더욱 커서 2 밀리시버트 미만에서부터 10 밀리시버트 이상까지 분포한다.

우리나라 지역별 외부피폭 선량률은 국가 환경방사선 자동 감시망(http://iernet.kins.re.kr)에 실시간으로 제공된다. 또, 휴대전화용 앱 eRAD@NOW를 내려받아 설치하여 볼 수도 있다.

표 1. 자연방사선원에 의한 우리 국민의 연간 유효선량

피폭원			연간 유효선량(밀리시버트)
외부피폭	우주선	지표면	0.25
		항공여행	0.01
		소 계	0.26 (8.3%)
	지각 감마선	실외	0.11
		실내	0.93
		소 계	1.04 (33.8%)
내부피폭	섭취	우주선에 의한 생성핵종	0.01
		칼륨-40	0.17
		우라늄, 토륨계열	0.20
		소 계	0.38 (12.3%)
	흡입	우라늄, 토륨계열	0.01
		라돈-222	1.27*
		토론	0.13
		소 계	1.41 (45.6%)
총 선 량			3.08*

* 2006년 평가치임(자료: 우리나라의 방사선환경, 한국원자력안전기술원 KINS/GR-365). 2009년 국제방사선방호위원회가 라돈의 선량계수를 약 2배 높였으므로 재평가하면 라돈 선량이 약 2.5 밀리시버트로 높아져 총 선량은 약 4.3 밀리시버트가 될 것이다.

그림 10. 환경방사선정보 앱 eRAD@NOW의 초기화면. 2014년 봄 버전.

요약

우리나라 국민들이 받고 있는 연간 평균 자연방사선량은 약 4 밀리시버트이다. 자연방사선 피폭의 주된 성분은 땅에서 오는 지각 감마선과 실내 공기 중 라돈 방사능이다. 지역이나 주거 건물의 형태에 따라 차이가 있어 이웃동네 사람에 비해 연간 2~3 밀리시버트를 더 받거나 덜 받을 수도 있다.

QUESTION 17...

인공방사선은 자연방사선보다 더 유해하지 않은가?

인공이든 천연이든 방사선의 본질은 같다

❖ 인체에 방사선영향을 미치는 것은 방사선원 자체가 아니라 그것이 내는 방사선(알파입자, 베타입자, 감마선 등)이다. 인공물질에서 나오든 천연물질에서 나오든 방사선의 본질은 같다. 따라서 방사선영향은 방사선 노출량에 달려있지 그 방사선이 어디서 나온 것이냐는 중요하지 않다.

외부피폭의 예로서 땅에서 오는 지각 감마선을 1 밀리시버트 피폭한 것이나 병원에서 X선을 1 밀리시버트 피폭한 것의 보건영향은 같다.

내부피폭에서도 예를 들어 전형적인 천연 방사성핵종인 칼륨-40과 인공 방사성핵종인 세슘-137을 각각 10만 베크렐 섭취한 경우 선량은 성인에게는 세슘-137이 많지만 유아나 아동에게는 칼륨-40이 많다.

천연적인 것은 안전할 것이라는 것은 막연한 느낌일 뿐이다. 복어 독처럼 천연물질도 맹독성인 것이 많다. 박테리아나 바이러스도 천연적인 것이지만 수많은 사람을 살상한다.

표 2. 10만 베크렐 방사능 섭취 당 선량 *(단위: 밀리시버트)*

핵종	피폭자 연령					
	유아	1~2세	2~7세	7~12세	12~18세	성인
세슘-137(인공)	2.1	1.2	0.96	1.0	1.3	1.3
칼륨-40(천연)	6.2	4.2	2.1	1.3	0.76	0.62

❖ 차이가 있다면 인공방사선원은 잘못 다루면 높은 선량을 받을 정도로 강한 것이 있는데 비해 천연 방사선원은 전반적으로 약하다. 그래서 강한 인공방사선원은 과피폭 사고가 나지 않도록 관리를 강화한다.

요약

자연방사선도 인공방사선과 본질은 같아 알파입자, 베타입자, 양성자, 중성자, 감마선, X선 등 모든 방사선을 포함한다. 따라서 방사선영향은 방사선량이 얼마나 많은가에 달려 있는 것이지 그 발생원이 인공인지 천연인지는 무관하다.

QUESTION 18...

라돈이란 무엇이며 방사선량은 어느 정도인가?

라돈 가스는 주로 땅에서 온다

❖ 라돈은 땅 속에 존재하는 천연 방사성핵종인 우라늄-238이나 토륨-232이 붕괴를 거듭할 때 만들어지는 불활성기체 핵종인 라돈-222와 라돈-220(이것은 다른 이름으로 '토론'으로 부르기도 한다.)을 말한다. 토양 중 라돈 가스가 확산되어 공기 중으로 올라오는데 특히 밀폐된 실내에 누적되면 농도가 높아져 라돈 피폭 문제를 초래한다.

석고보드나 화강암 같은 건축재도 라돈을 방출하지만 대개 지반에서 오는 양이 지배적이다.

❖ 라돈 자체는 불활성기체이므로 사람이 흡입하더라도 체내에 흡수되지 않고 다시 배기되므로 위해도가 미미하다. 문제는 라돈이 공기 중에서 붕괴하여 발생시키는 자손핵종(폴로늄-218, 납-214, 비스무스-214, 폴로늄-214)인데 이들 입자는 폐에서 흡수되어 폐의 피폭을 주로 유발하고 그 결과 폐암을 증가시키는 것으로 알려졌다.

라돈자손 중 특히 폴로늄-218과 폴로늄-214는 방사선 위해도가 베타입자나 감마선보다 약 20배 높은 알파입자를 방출하는 핵종으로서 주된 관심 대상이다.

주거환경의 라돈 농도는 지역과 건물 유형에 따라 큰 차이가 있다

❖ 실내 공기 중 라돈 농도(곧 라돈자손 농도)는 지역 지반의 우라늄 농도와 실내공기 밀폐도에 따라 심한 편차를 보인다. 지반에 우라늄 농도가 높아 평균적으로 실내 공기 중 라돈농도가 높은 지역을 '라돈 유의지역'이라 부른다. 동일지역에서도 가옥에 따라 실내 라돈 농도는 크게 차이날 수 있으므로 구체적 농도는 직접 측정해야 알 수 있다.

라돈 가스의 주된 원천은 지반이므로 일반적으로 말하면 실내 라돈 농도는 단독주택이 높고 고층아파트가 낮다. 그러나 예외적인 경우도 있으므로 라돈 유의지역 주민은 측정을 통해 자기 집 라돈 농도를 파악할 필요가 있다.

라돈 농도를 표현하는 표준 방법은 공기 1 m^3 당 방사능(베크렐)이

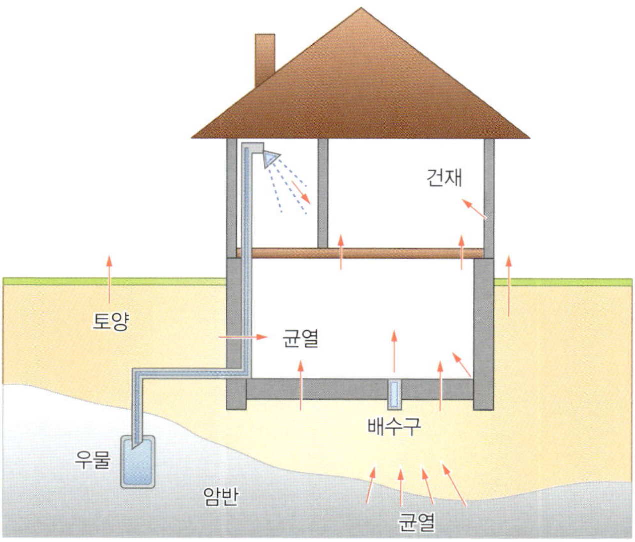

그림 11. 주택으로 라돈 가스 침입 경로.
건축재도 라돈 가스를 내지만 가장 큰 기여는 지반의 토양가스이다.

다. 국내 표본조사에 의하면 주거공간 실내 공기 중 라돈가스 농도는 대체로 수십 베크렐/m^3부터 200 베크렐/m^3 범위에 있지만 소수 가옥에서는 1000 베크렐/m^3 이상도 발견되었다.

라돈 농도를 선량으로 환산하는 방법

❖ 정확히 평가하기는 매우 어렵다. 라돈 가스와 그 자손이 평형을 벗어난 정도나 라돈 자손이 먼지에 부착된 비율 등에 따라 방사선량이 달라지기 때문이다. 정책판단이나 대책수립에 참조할 일반적 목적으로는 근사적으로 다음의 선량계수를 적용할 수 있다.

- 가정: 126,000 베크렐 · 시간/m^3 당 1 밀리시버트
- 직장: 76,000 베크렐 · 시간/m^3 당 1 밀리시버트

예를 들어 가정의 실내 라돈 농도가 평균 200 베크렐/m^3이고 매 주 100시간씩 1년 동안(50주) 노출되면 총 노출은 200×100×50 베크렐 · 시간/m^3 = 100만 베크렐 · 시간/m^3이 된다. 따라서 선량계수 126,000을 나누면 약 8 밀리시버트를 얻는다.

같은 방법을 전국 연평균 농도[4] 약 50 베크렐/m^3에 대해 연 7천 시간 가정 체류시간(주부 기준)에 대해 연간 선량을 환산하면 약 2.8 밀리시버트가 된다.

요약

라돈은 땅 속의 천연방사능이 공기 중으로 스며나온 것으로서 어디나 존재하며 일반인이 피폭하는 자연방사선 선량의 대부분을 차지한다. 라돈 유의지역에서는 실내 라돈 농도를 측정하여 지나치게 높다면 낮추는 대책이 필요하다. 라돈의 새 선량계수는 가정에서 126,000 베크렐 · 시간/m^3 당, 직장에서는 76,000 베크렐 · 시간/m^3 당 1 밀리시버트 정도이다.

---

4) 생활환경 중의 방사선영향평가 최종보고서, KINS/RR-937(2012), 한국원자력안전기술원.

QUESTION 19...

라돈이 정말 폐암을 초래하는가?

광부들에게만 폐암 증가가 있다던데...

❖ 초기 역학연구 데이터는 매우 높은 라돈 농도에 노출된 광부들로부터 나왔고 그 결과는 라돈 노출량과 폐암 발생 사이에 비례관계를 보였다. 그러나 역학적 분석력 한계로 인해 농도가 낮은 주거공간 라돈 노출에서도 폐암 위험이 있음을 보이는 역학적 증거는 2000년대에 와서 확보되었다. 분석력을 높이기 위해 다른 연구의 대상을 통합하여 분석한 연구에서 주거공간 라돈이 100 베크렐/m^3 당 상대위험을 약 10% 증가시키는 것으로 나타났다.

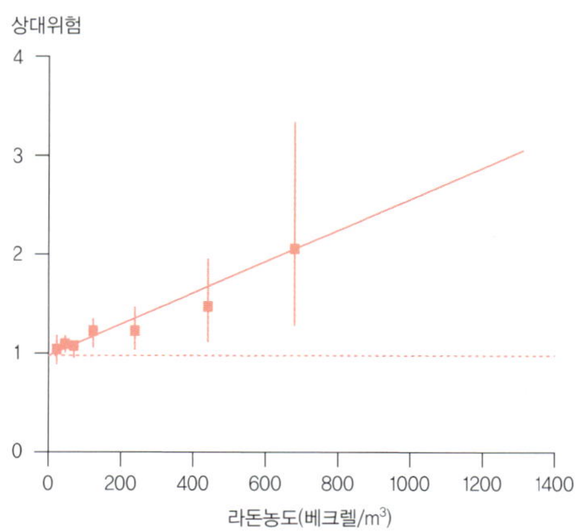

그림 12. 유럽 통합분석 결과로 얻은 주거공간 라돈 농도와 폐암 상대위험의 상관관계.

표 3. 주거공간 라돈과 폐암에 대한 통합분석 결과 *(자료:국제방사선방호위원회 간행물 115)*

통합분석 명칭	발표년도	해당 증례 수	100 베크렐/m^3 당 상대위험 (95% 신뢰구간)
유럽	2006	7148	1.08 (1.03-1.16)
북미	2006	3662	1.10 (0.99-1.26)
중국	2004	1050	1.13 (1.01-1.36)

❖ 흡연과 라돈피폭의 상승작용 때문에 기존에 얻은 라돈 위험계수에 흡연의 영향이 크게 미치고 있을 수도 있다는 점은 아직 미해결이다. 비흡연자만으로 구성된 대상으로는 라돈과 폐암 사이 인과관계를 입증하기에는 아직 부족하다.

현재의 지식을 영국민(주택 평균 라돈 20 베크렐/m^3 가정)에게 적용하여 평가한 결과 폐암 사망의 84%는 흡연에만 기인되며 5.5%는 흡연과 라돈의 공동작용, 1%가 라돈만에 기인하는 것으로 나타났다. 흡연인구 수준에 따라 다르지만 전형적으로 전체 폐암의 6% 내외가 라돈피폭과 관련될 것으로 본다.

흡연자는 얼마나 더 위험한가?

❖ 폐암 위험은 흡연이 결정한다고 말할 수 있을 정도로 흡연의 영향이 지배적이다. 일생 비흡연자의 경우 라돈 농도가 400 베크렐/m^3로 높더라도 생애 폐암사망 위험은 2.2%에 불과하다. 그러나 흡연자는 라돈이 없더라도 폐암사망 위험이 28% 정도이다. 흡연자와 일생 비흡연자가 같은 라돈 농도에 노출될 경우 폐암 사망 위험은 흡연자가 약 30

III. 자연방사선

배 높다. 라돈 피폭이 걱정되면 담배를 끊어야만 얘기가 된다. 흡연하면서 라돈 방사선피폭을 걱정하는 것은 논리에 맞지 않다.

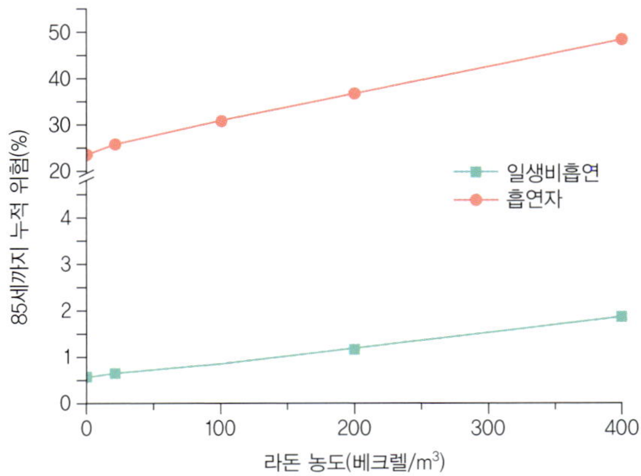

그림 13. 흡연자와 비흡연자의 폐암 위험 비교.
흡연에 비해 라돈노출이 미치는 영향은 매우 작다.

폐암 외에 다른 보건위해도 초래하는가?

❖ 광부의 높은 농도 라돈 노출이 백혈병이나 위암 증가와 상관관계를 보인다는 일부 보고가 있지만 일관성이 없다. 라돈피폭은 폐암 위험만 증가시킨다.

요약

광산 라돈뿐만 아니라 주거공간 라돈도 폐암의 원인이 됨은 분명해졌다. 다른 질환과 관련성은 아직 밝혀진 것이 없다. 흡연자는 같은 수준 라돈 노출에서 비흡연자보다 위험이 30배가량 높다.

QUESTION 20 ...

우리나라 라돈 수준은 어느 정도이고 유의지역은 어디인가?

우리나라 라돈은 평균 수준 이상이다

❖ 우리나라는 지반에 화강암이 많다. 일반적으로 화강암에는 우라늄 함량이 높기 때문에 우리나라 라돈 수준은 체코나 핀란드 수준에 미치지는 않지만 국제평균보다는 높다. 한국원자력안전기술원이 다년간에 걸쳐 조사한 결과를 보면 국내 주택의 연평균 라돈 농도는 근사적으로 대수정규분포 모양을 따르며 그 산술평균은 약 53 베크렐/m³, 중

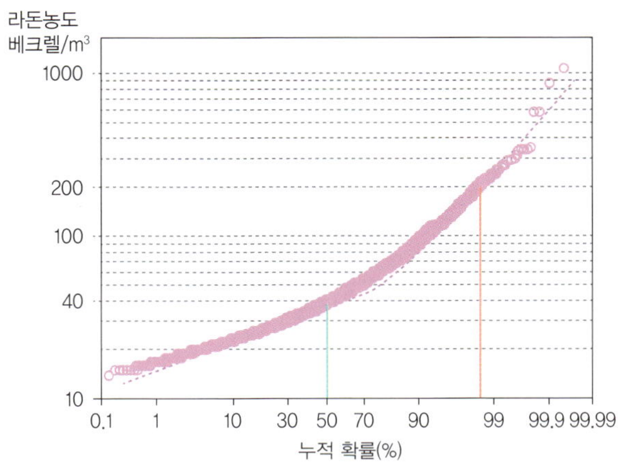

그림 14. 우리나라 가옥의 실내 연평균 라돈 농도 확률분포. (자료: 한국원자력안전기술원) 중앙값은 약 40 베크렐/m³이며 200 베크렐/m³를 넘는 가옥이 1.5% 정도이다.

앙값은 약 40 베크렐/m^3로 나타났다. 방호대책을 고려하기를 권고하는 농도인 200 베크렐/m^3를 넘는 가옥이 1.5% 정도로 나타난다.

중부지방의 몇몇 지역은 라돈 유의지역으로 관리할 필요가 있다

❖ 지역별로 보면 화강암이 많은 중부지방이 더 높고 경상남북도 지역이 낮으며 현무암 기반인 제주도는 가장 낮다.

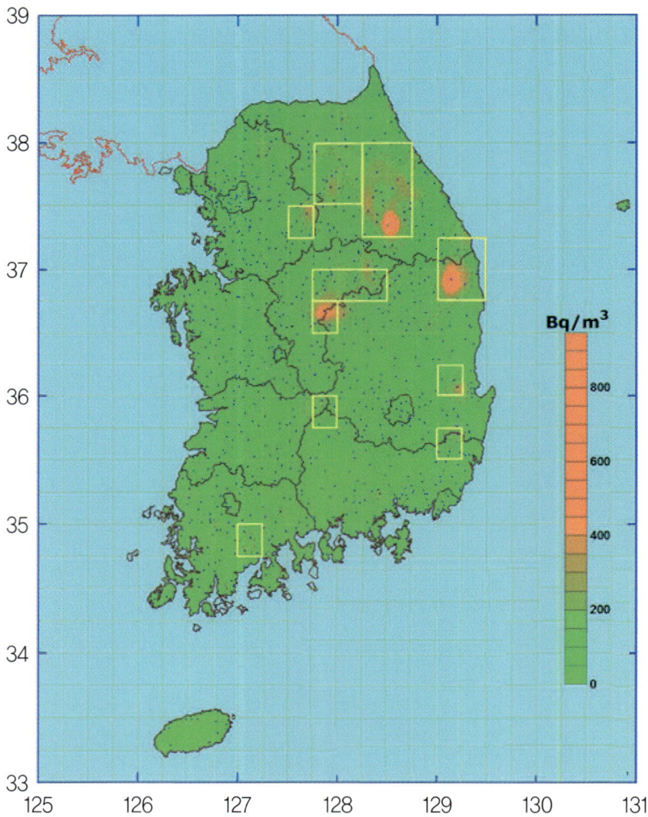

그림 15. 국내 실내 라돈농도 분포도. (자료: 한국원자력안전기술원)

충북 괴산, 경북 봉화, 강원 평창 지역을 포함한 일부 지역은 라돈 유의지역으로 지정하여 관리할 필요가 있다.

❖ 아직 정부가 공식적으로 라돈 유의지역을 지정하지는 않았지만 한국원자력안전기술원 표본조사 결과를 보면 충북 괴산, 강원 평창, 경북 봉화의 일부 지역에서 가장 높다. 다음으로는 충북 충주 및 제천, 경기 양평, 강원 홍천, 경북 경주, 울산 울주, 전북 무주, 전남 화순 등지가 유의하게 높다.

이러한 지역이라도 개별 가옥의 실내 라돈 농도는 크게 다를 수 있으므로 이들 지역의 주민은 라돈에 관심을 갖고 측정을 통해 자기 집의 라돈 농도를 파악하는 것이 필요하다. 측정은 계절별로 실시하는 것이 좋다. 측정결과 실내 공기중 라돈이 비상하게 높다면 적절한 감축대책을 강구할 필요가 있다.

이들 지역에서 기업을 운영하는 고용주는 직장(공장, 사무실 등)의 라돈 농도를 파악하고 필요한 조치를 취해야 할 것이다. 특히 반지하실이나 지하실 작업장은 더욱 그렇다.

요약

우리나라는 화강암이 많아 라돈이 평균적 국가보다 높은 편이다. 연평균 실내 라돈농도의 중앙값은 약 40 베크렐/m^3, 산술평균은 약 50 베크렐/m^3로 나타난다. 감축대책이 권고되는 200 베크렐/m^3를 넘는 가옥도 1.5% 수준이다.

QUESTION 21 • • •

우리집 라돈농도를 알고 싶은데...

라돈 측정 서비스

❖ 정책에 따라 정부가 무료로 측정서비스를 제공하는 나라가 있는가 하면, 국가가 서비스를 제공하지만 필요 경비를 받는 나라도 있고 민간 사업자 서비스에 의존하는 나라도 있다. 예를 들어 미국에서는 라돈 측정용 검출기를 슈퍼마켓에서 판매하는데 이를 구매하여 안내문에 따라 측정하고 싶은 위치에 배치하고 3개월 후 회수하여 우편으로 제조사로 송부하면 판독 후 결과를 알려준다. 국내에도 유사한 서비스가 가용하다. 비용은 검출기 하나 당 2~3만원 정도이다.

주거공간의 라돈 측정은 소형 수동형 검출기(고체비적검출기로서 주로 CR-39 플라스틱 조각)를 3개월 정도 노출시킨 후 회수하여 처리를 거쳐 판독한다. 연평균 농도를 알기 위해서는 계절별로 4회 측정한다. 연구목적 등 단기적 변동을 감시하는 데는 능동형 측정기를 사용한다.

인터넷 매점들이 소형 라돈 모니터를 판매 또는 대여하고 있는데 실내 라돈농도는 계절, 시간, 날씨에 따라 수시로 변동하므로 이러한 능동형 측정기로 단기간 측정한 값으로는 라돈 노출실태를 파악하기 쉽지 않다. 이런 모니터는 라돈 농도 수준에 대한 1차적 정보를 신속히 얻거나 라돈 침입경로 검사에 유용하다.

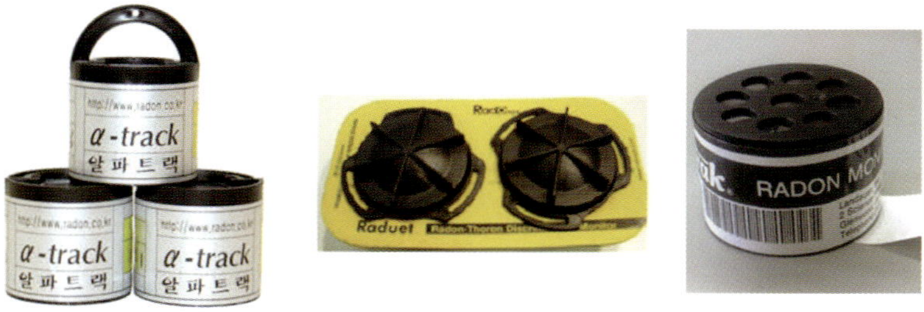

그림 16. 고체비적검출기를 이용한 수동형 라돈검출기(상용).

한국환경공단의 무료 측정서비스도 이용 가능

❖ 환경부는 한국환경공단을 통해 라돈 측정서비스를 제공하고 있다. 그러나 예산의 제한으로 인해 1층과 지하층 방에 대해 연간 1,000건에 대해 선착순으로 서비스를 제공한다.[5)]

요약

수동형 라돈검출기를 이용한 저비용 측정 서비스를 이용해 우리집 라돈 농도를 알아볼 수 있다. 제한적이지만 한국환경공단이 제공하는 무료 측정서비스를 이용할 수도 있다. 능동형 라돈 측정기(또는 라돈 모니터)는 신속히 결과를 제공하지만 누적 노출량을 알기는 어렵다.

5) http://www.radon-free.or.kr/info.asp

QUESTION 22 ...

라돈 농도를 낮추는 방법은?

토양 가스가 실내로 들어오는 것을 줄여야

❖ 실내 공기의 라돈가스 오염 원인은 주로 지반의 토양가스가 스며들기 때문이다. 따라서 지반과 접촉하는 건물 부위(특히 지하실의 벽이나 바닥)에 틈새나 균열을 찾아 막는 것이 필요하다. 벽이나 바닥을 관통하는 배관이나 그 주변이 취약부이다.

❖ 안에서 막는 것으로 부족하면 바깥에서 대책을 강구할 수도 있다. 건물 기초 슬러브 아래에 구덩이(이를 라돈섬프라 부른다.)를 파고 배기관과 송풍기를 연결하여 지붕위로 공기를 불어내면 건물지반의 공기압력이 낮아져 토양가스가 건물내로 스며드는 것을 줄인다. 라돈 유의지역에 건물을 신축하는 경우라면 기초 슬러브 아래에 구멍 뚫린 PVC 파이프를 배열하여 라돈덕트를 만들고 라돈섬프에 연결하여 배기하면 더욱 효과적이다.

❖ 손쉬운 방법은 자주 창을 열어 실내 공기를 환기하는 것이지만 불편함과 난방비 증가 문제가 따른다. 외부의 깨끗한 공기(필요하면 정화기를 거쳐서)를 강제로 실내로 불어넣어 실내 압력을 높이면 토양가

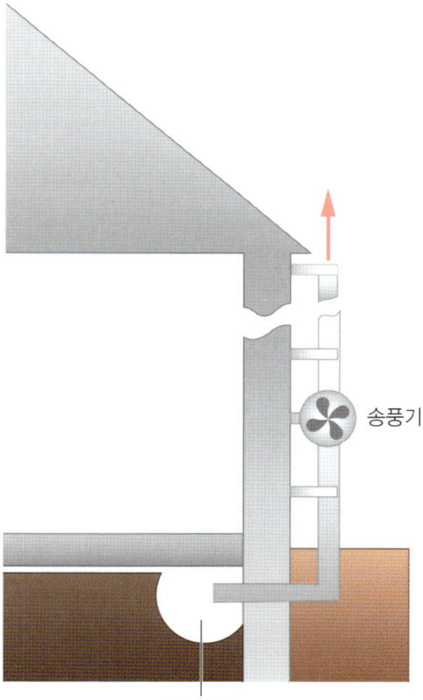

그림 17. 라돈섬프를 이용한 실내 라돈 감축기법.

그림 18. 환경부가 온라인과 오프라인을 통해 보급하고 있는 라돈감축 안내 팜플렛 표지 (http://www.radon-free.or.kr).

스 유입을 줄일 수 있지만 소음과 열손실 폐단이 있다.

에어컨이나 공기정화기로 실내 공기 중 먼지를 걸러내면 먼지에 흡착된 라돈자손을 제거하는 효과가 있다. 고성능 공기필터(HEPA)를 사용하면 보다 미세한 먼지까지 제거한다. 그러나 항구적 대책은 못된다.

음이온 발생기가 실내 라돈농도를 낮춘다는 광고도 있으나 시험결과 성능이 입증되지 않았다. 서양식 천정팬으로 실내 공기를 유동시키면 라돈자손이 부착된 먼지가 벽면 등에 부착됨으로써 공기 중 농도를 낮추는 효과를 내지만 성과가 크지는 않다.

먼저 할 일은 내 집 라돈을 측정하는 일이다

❖ 라돈 감축을 생각하기에 앞서 할 일은 내 집(직장) 라돈 수준을 아는 것이다. 측정을 통해 라돈 수준을 파악하고 그 심각도에 따라 적절한 대책을 강구하는 것이 절차이다. 일반적인 라돈 감축기법은 인터넷에서 쉽게 찾을 수 있다. 한국환경공단은 라돈문제에 대한 온라인 정보제공 및 오프라인 기술자문도 수행하고 있다.

요약

라돈 문제에 대한 대응은 실측을 통해 내 집이나 내 직장의 라돈 실태를 파악하는 것으로 시작해야 한다. 측정결과 위협수준에 맞춰 대응하는 것이 합리적이다. 실내 라돈 감축기법에 대해서는 인터넷에 많은 자료가 가용하다. 한국환경공단은 온라인/오프라인 기술자문을 제공하고 있고 시공 등을 담당하는 민간 사업자도 있다.

QUESTION 23...

방사선은 조금만 피폭해도 치명적일 수 있다고 하던데 사실 아닌가?

치명적이라고 말할 수 있는 방사선량은 적어도 2000 밀리시버트이다

❖ 원폭 피해자나 체르노빌 사고 진압에 투입되었던 소방관의 사례에서 보듯이 단기간에 방사선을 대량 피폭하면 조기에 사망할 수 있다. 그러나 이런 일은 '대량'으로 피폭한 경우이며 일반인이 피폭할 수 있는 수준이 아니다.

소금도 일시에 300 g 이상 섭취하면 목숨을 잃을 수 있지만 "소금을 먹으면 치명적일 수 있다."고 말하지는 않는다.

조금만 피폭해도 위험할 수 있다는 주장은 의도적 과장이다

❖ 원폭피해 생존자나 과거 원자력산업 종사자 집단에 대한 역학연구에서 약 100 밀리시버트 이상 피폭한 사람들에게서 피폭량에 비례하는 암의 증가를 확인했다. 이 결과로부터 얻은 방사선피폭의 평균적 위험은 100 밀리시버트 당 0.5%이다.

원전 종사자와 같은 '방사선작업종사자'도 1년에 평균 수 밀리시버트밖에 피폭하지 않기 때문에 퇴직할 때까지 받는 총 선량도 100 밀리시버트 미만인 경우가 대부분이다. 평생 100 밀리시버트를 피폭한 사람의 명목 위험증가는 0.5%인데 비해 우리국민의 자연적 암 위험은 약 20%이다(평균수명이 더 긴 나라에서는 25%에 이름). 즉, 약 100밀리시버트 정도의 방사선량을 받은 방사선 작업종사자들에게 암 위험 증가가 있다고 말할 수는 있지만 그 증가는 자연발생에 비해 매우 작아 실제로 확인하기는 어렵다.

❖ 그럼에도 방사선방호 목적으로는 낮은 선량에서도 선량에 비례하는 암 위험이 있을 것으로 보는 모델 즉, '문턱 없는 선형 비례 모델(흔히 LNT 모델이라 부름)'을 기본 가정으로 삼고 있다(그림 참조).

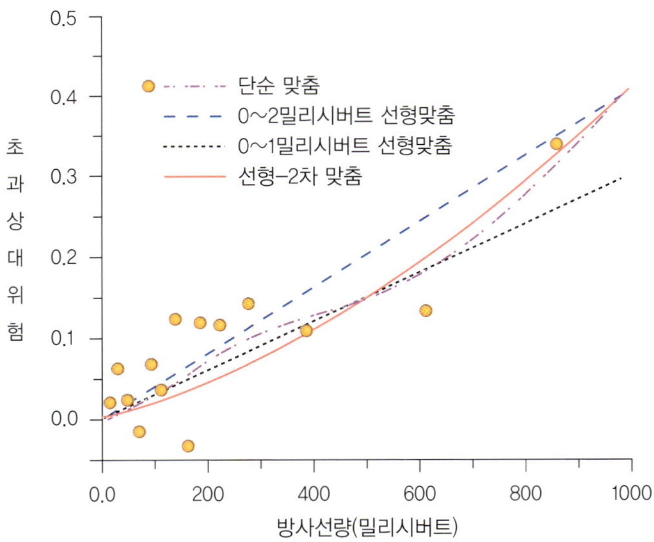

그림 19. 일본 원폭피해생존자의 방사선량과 초과상대위험 상관관계.
200 밀리시버트 이상에서는 선량 증가에 따른 암 위험 증가가 명확하지만 그 미만에서는 암 증가를 단정하기 어렵다. 그림에 보인 선들은 데이터를 맞추는 방식에 따라 상관관계에 차이가 있음을 보인다.(자료: 2006년 유엔방사선영향과학위원회 보고)

이 모델을 근거로, 그리고 암이 보통 치명적이라는 점을 근거로 “작은 방사선량 피폭도 치명적일 수 있다.”고 말하는 것은 과장이다. 한 끼 식사에도 여러 종류 발암물질이 미량 함유되어 있지만 “밥 한 끼도 치명적일 수 있다.”고 말하지는 않는다.

요약

적은 양의 방사선 피폭도 치명적일 수 있다는 주장은 과장이다. 단기간에 방사선을 대량으로 피폭하지 않는다면, 방사선으로 인해 건강을 해칠 가능성은 매우 낮다.

QUESTION 24...

암 위험이 선량에 비례한다면 선량이 작아도 그만큼은 위험이 있다는 것 아닌가? 그렇다면 적은 양 방사선도 피폭하지 않는 것이 좋을 텐데...

위험이 있다고 무조건 포기하지는 않는다

❖ 100 밀리시버트 미만의 낮은 선량에서 실제로 암이 증가하는지는 현재의 과학적 근거로는 확인하기가 어렵지만 방사선방호 목적으로는 선량이 낮아도 그 선량에 비례하는 만큼 위험이 있는 것으로 가정하는 것이 사실이다. 이 가정에 따르고 위험에만 관심을 맞추면 아무리 선량이 작아도 피폭하지 않는 것이 좋다고 말할 수는 있다.

❖ 그러나 어떤 행위에 위험이 있다고 무조건 그 행위를 회피하지는 않는다. 암의 주된 원인 중 하나가 음식물에 포함된 발암물질이지만 우리는 부단히 음식을 먹고 있으며, 교통사고로 우리나라에서만 매년 7천 명 정도 사망하지만 차량을 없애지 않는다. 감수하는 위험의 반대급부로 위험을 상회하는 중요한 이득이 있기 때문이다.

예컨대, 자전거 타기는 개인의 사고 위험을 분명히 증가시킨다. 그러나 에너지 절약이나 공해 감축, 개인 건강을 위해 자전거타기를 권장하며 자전거길 건설에 많은 돈을 쓰고 있다.

방사선 위험이 있음을 알면서도 원자력이나 X선을 사용하는 이유도 위험을 상회하는 중요한 이득(전력생산, 질병진료 등)이 있기 때문이다. 얻는 이득이 수반되는 위험보다 크지 않으면 방사선 사용은 정당화되지 않으며 시행하지 못한다. 즉, 가치 없이 방사선 위험을 감수하지는 않는다. 술은 개인적, 사회적으로 여러 위험을 증가시키지만 술이 주는 '긍정적' 효과 때문에 술을 금지하지 않는다. 심지어 담배는 폐암이나 심혈관질환의 주범이고 이득도 별로 없어 정당화하기 어려운 행위이지만 금지하지는 않고 있다.

❖ 정당한 행위에 대해서도 관리하여 얻는 위험감축 크기와 이에 필요한 비용을 저울질하여 순이득이 극대화되도록 노력한다. 방사선방호에서는 이런 노력을 '합리적 피폭 최소화' 또는 '방호 최적화'라 부른다.

어떤 이유 때문에 방사선을 이용해야 한다면 피폭을 영(0)으로 줄이는 것이 최선은 아니다. 비용의 효용은 투자가 증가할수록 점점 감소하기 때문에 방사선을 이용하면서 피폭을 영(0)으로 만들자면 비용이 천문학적으로 늘어난다(교통사고 사망자가 없는 운수시스템을 만들 수 있는지 생각해보라). 들이는 사회적 비용과 얻는 사회적 효용 사이의 최적 타협이 위험관리의 목표이다.

한 쪽의 작은 위험 추가가 다른 쪽 위험을 크게 줄일 수도 있다

❖ 원자력이나 방사선 이용을 포기하지 않는 이유에는 이득이 크다는 것 외에도 그 이용이 사회의 총 위험을 감소시킨다는 논거도 있다.

CT촬영이 통상적 X선 촬영보다 환자선량이 100배 이상 높고 국민 방사선량을 괄목하게 증가시키지만 CT를 포기하면 질병을 정확히 진단하지 못해 환자가 사망할 위험이 높아진다. 즉, CT가 방사선량을 증가시키는 위험보다 CT를 통해 질병 사망 위험을 감소시키는 효과가 훨씬 크기 때문에 CT는 총 위험을 줄이는 효과를 낸다.

에너지 부존자원이 없는 우리나라와 같은 국가가 원자력의 위험 때문에 원자력을 포기할 경우 전력부족 또는 고가의 전기료로 인해 경제가 타격을 입을 수 있다. 에너지가 부족한 사회나 경제가 침체된 사회에는 온갖 위험이 증가한다. 즉, 원자력발전도 더 큰 위험을 피하기 위해 작은 방사선 위험을 감수하는 것으로 이해할 수 있다.

즉, 방사선 위험을 영(0)으로 만들려면 사회 총 위험은 반드시 늘어난다.

❖ 전력생산도 방사선 의료도 필요하지만 내 문제가 아니니 내 주변에 방사성물질이나 방사선시설이 있어 내가 피폭하는 것은 인정할 수 없다는 생각은 이기심이 지나치다. 사회가 건강하지 못하면 개인이 건강할 수 없다.

요약

방사선이 수반하는 위험에만 관심을 두면 아무리 작은 방사선도 피폭하지 않음이 좋다. 그러나 위험은 반대급부와 견주어 볼 필요가 있다. 위험도가 낮거나 불확실한 적은 양의 방사선피폭을 허용하는 것이 사회적으로 큰 이익을 준다면 이에 대해 열린 생각이 필요하다. 방사선이라는 특정 위험의 감축에 지나치게 집중하면 총 위험이 증가한다.

QUESTION 25...

0.1 밀리시버트도 위험할 수 있다는 전문가도 있지 않은가?

논리의 비약이다

❖ "0.1 밀리시버트도 위험할 수 있다."는 말이 과학적으로 틀린 것은 아니다. 그러나 이 말에는 다음과 같은 논리적 복선이 깔려있다.

❖ 방사선 피폭에 따른 위험의 증가는 100 밀리시버트 이상에서만 확인된다. 그러나 방사선방호를 위한 모델로 100 밀리시버트 미만에서도 그 선량에 비례하는 만큼 위험이 수반될 것으로 가정 한다.

방호를 위한 이 모델은 '가정'이며, 실제 위험이 있는지는 앞으로도 정확히 알기 어렵다. 100개의 콩 가운데 검은 콩이 15~25개 섞여있는 접시 10개를 놓고 그 중 한 접시의 흰 콩 하나를 검은 콩으로 바꾼 다음 그것이 어느 접시인지를 맞추라는 것처럼 어렵기 때문이다.

❖ 방사선량과 위험이 정비례한다고 하더라도 "아무리 작은 방사선량도 위험할 수 있다."고 주장하는 것은 말의 유희일 뿐이다.

'위험'이나 '안전'이라는 말에는 주관적 가치판단이 강하게 작용한다. 광우병 위험이 있다는 미국산 쇠고기 수입 문제에서도 보았듯이 같은 사안을 놓고도 어떤 사람은 위험하다고 보고 어떤 사람은 안전하다고 생각한다. 즉, 위험이란 말 자체가 모호성을 내포한다.

나아가 그러한 주장은 대개 작은 방사선량도 "위험할 수 있다."고 표현하지 "위험하다."라고 단정하지는 않는다. 위험할 수 있다는 말은 위험한지 모른다는 의미와 같지만, 이 말은 듣는 일반인은 "위험하다."로 받아들이는 경향이다. 그래서 0.1 밀리시버트도 위험할 수 있다고 말하면 허위 주장이라는 반박을 받지 않으면서 일반인이 소량 방사선도 위험한 것으로 생각하게 만든다.

대다수 전문가는 동의하지 않는다

❖ 국내외를 막론하고 과학계의 평가보다 방사선이 훨씬 더 위험하다는 주장을 반복하는 사람들은 있다. 그러나 그들의 주장은 과학적 증빙이 없거나 부족하기 때문에 대다수 전문가는 동의하지 않는다.

사건이 발생하면 유별나고 자극적인 주장이 주목을 받는다. 후쿠시마 원전사고 후에도 위험을 과장한 주장이 자주 보도되고 SNS를 통해 전파되었다.

❖ 대중의 보건이나 안녕을 걱정하는 말이라고 반드시 옳은 것은 아니다. 정치성이 개입되면 국민 안녕을 핑계로 개인이나 단체의 이익을 노리는 일이 종종 있다.

있을 수 있고 안전한 수준의 방사능을 함유한 특정 분유제품이 유해한 것처럼 정부 대책을 촉구함으로써 판매가 격감하여 제조사가 심각한 타격을 입은 일도 있는데 이는 부당하다.

후쿠시마 사고 후 생선 방사능이 위험할 수 있다는 주장 때문에 국민들이 실제 방사능 위험이 없는 생선 대신 쇠고기나 돼지고기를 사 먹었다면 그 주장이 국민보건에 기여한 것일까?

0.1 밀리시버트도 암을 유발할 수는 있지만 위험하지는 않다

❖ 운석도 사람을 죽일 수 있지만 운석이 위험하다고 말하지는 않으며 "하늘에서 떨어지는 로또"라고도 부른다.

❖ 땅에서 받는 1 밀리시버트를 걱정하는 사람은 없다.

우리나라 지각방사선량률 분포를 보면 수원, 문산, 속초 등 지역은 상대적으로 높아 주민에게 연간 약 1.4 밀리시버트를 준다. 이에 비해 여수, 제주 등은 상대적으로 낮아 연간 약 0.7 밀리시버트를 준다. 즉, 수원시민은 여수시민에 비해 지각방사선을 매년 약 0.7 밀리시버트 더 받는 셈이다.

의료방사선 피폭도 상당하다. 식품의약품안전처 조사에 따르면 2011년 우리국민이 병원에서 방사선을 사용한 검사를 받은 건수는 2억2천만 건으로서 1인 당 평균 4.5건에 이르며 그 결과 평균 1.4 밀리시버트의 방사선을 받은 것으로 나타났다. 그러나 의료방사선이 위험한 것은 아니다.

요약

0.1 밀리시버트의 방사선량도 위험할 수 있다는 주장은 합당하지 않다. 공기 중에 라돈이 함유되어 있으니 "한 번 숨쉬는 것도 위험할 수 있다."고 주장하는 것과 같다.

QUESTION 26…

1만 분의 1 위험이라도 내가 해당되면 100% 위험 아닌가?

❖ 맞는 말 같지만 맞지 않다. '위험'이란 어떤 나쁜 일이 일어나기 전에 그것이 일어날 가능성을 사전에 논의할 때 사용하는 말이다. 이미 발생했다면 사고나 사건이지 위험은 아니다.

우리국민의 교통사고 사망 위험이 연간 1만 명당 1.4명이라고는 말할 수 있지만, 오늘 아침에 교통사고로 사망한 사람을 놓고 교통사고 사망위험이 100%라고 말하지는 않는다.

❖ 드물게 일어나는 우발적 사건에 대해 사건이 일어날 가능성(확률)은 제쳐두고 일어났을 때 결과가 실제 피해라고 보는 것은 부적절하다.

로또 복권 1장의 1등 당첨 확률이 수백만 분의 1이라는 확률(이때는 위험이 아니라 행운)은 고려하지 않고 당첨되었을 때 당첨금 10억 원을 그 복권의 가치로 보지는 않는다. 돼지꿈 꾸고 샀다는 복권이라고 1장에 1억 원을 주고 되살 사람이 있을까?

방사선을 2 밀리시버트 피폭하면 생애 암 사망 위험이 1만 분의 1 증가한다는 말은 그런 사람이 1만 명 있다면 그중 한 사람이 방사선유발 암으로 사망할 수 있다는 의미일 뿐이다.

❖ 1만 분의 1도 위험이다. 그러나 우리의 모든 행위는 위험을 수반한다. 운동하면 심장마비 위험이 있고 가만히 있으면 비만 위험이 있다. 행위에 따르는 위험만 본다면 할 행위가 없다. 실제 우리는 위험만 보지 않고 행위가 주는 편익과 비교하여 판단하고 선택한다.

요약

우발적으로 발생하는 희귀한 사건에 대해 발생확률은 고려하지 않고 발생한 때 결과만 놓고 과민하게 반응하는 것은 옳지 않다. 1만 명 중 한 사람 위험을 놓고 그 한 사람을 '나'라고 가정하는 것은 복권 한 장 사 놓고 1등 당첨자가 '나'라고 보는 것처럼 허망한 것이다.

QUESTION 27 ...

원자력발전소 주변 지역 주민은 방사선을 얼마나 피폭하나?

정상운영 중인 원전으로 인한 주민의 피폭선량은 무시할 수준이다

❖ 우리 원전 운영실적을 보면 정상운영 중인 원전으로 인한 지역 주민선량은 부지별로 다소 차이는 있으나 연간 0.1~0.25 밀리시버트 범위에 있다.

연간 0.2 밀리시버트 안팎의 선량은 자연방사선보다 훨씬 낮다. 지각 감마선량률만 보더라도 원전 지역에서 시간 당 90~140 나노시버트(밀리시버트의 백만 분의 1)인데 1년 8,760시간을 곱하면 0.8~1.2 밀리시버트가 되어 원전으로 인한 주민 선량의 5배 정도이다.

선량이 더 많은 라돈까지 포함하면 자연방사선의 1/10보다도 원전 방사선량이 작다. 달리 말하면 원전으로 인한 주민 선량은 이 마을 주민과 건너 마을 주민의 자연방사선량 차이 정도로서 무시할 수준이다.

원전 사고가 발생하면 심각한 피폭도 받을 수 있다

❖ 확률은 낮지만 원전에서 사고가 발생하면 상황이 전혀 다르다. 경미한 사고라면 방사선작업종사자가 연간 받는 선량 정도를 주민이 피폭할 것으로 예상하지만, 후쿠시마 사고와 같은 중대사고가 발생하면

생명을 위협하는 심각한 피폭을 받을 수도 있다. 그래서 이런 사고를 예방하기 위해 정성을 쏟고 비상대책도 마련하고 있다.

사고 가능성만 보고 원전을 위험하다고 단정하는 것은 적절하지 않다. 일상적으로 일어나는 일과 가능성이 매우 낮은 사고는 달리 볼 필요가 있다. 직경이 수십 킬로미터인 소행성이 지구와 충돌하면 인류가 종말을 맞을 수 있지만 그래서 위험하다고 말하는 사람은 없다. 그런 일이 일어날 가능성이 매우 낮기 때문이다.

요약

정상운영(경미한 사건을 포함) 중인 원전으로 인한 지역 주민의 방사선피폭량은 자연방사선 피폭의 편차 수준으로서 보건영향을 고려할 대상이 되지 않는다. 원전에서 중대한 사고가 발생하면 주민의 피폭선량이 심각할 수 있다.

QUESTION 28...

원전에서 삼중수소(트리튬)가 대량으로 방출된다는데

삼중수소 방출은 사고가 아니라 예상한 일이다.

❖ 자연계에도 미량 존재하는 삼중수소이지만 원전에서는 냉각수로 쓰이는 물이 중성자와 반응하여 만들어져 환경으로 방출되게 된다. 삼중수소는 반감기가 12.3년으로 길고 물이나 수증기 형태이기 때문에, 다른 핵종처럼 필터로 거르거나 모아두어 방사능을 줄이기 어려워 정상 가동 중인 원전에서도 다량의 삼중수소가 환경으로 방출되는 것이다.

• 중수를 냉각재로 사용하는 월성1-4호기 원전(가압중수로)은 다른 원전(가압경수로)에 비해 삼중수소 발생량이 훨씬 많아 삼중수소 감축설비를 운영하여 환경방출을 줄이는 노력에도 불구하고 대기 방출이 10배 가량 더 많다.

• 이에 따라 월성 원전 인근 환경의 공기, 지표수, 농산물에는 천연 수준보다 유의하게 높은 삼중수소가 검출되며, 지역주민의 소변에서도 자연상태보다 5~10 베크렐 높게 검출되기도 한다.

• 모든 환경오염물질의 규제와 마찬가지로 원전에서의 삼중수소 방출도 완전히 제거하여 0을 만들기 어려우므로 원자로 형태(노형)에 따라 기준치를 두어 관리한다.

표 4. 2014년도 가압경수로(한울원전)과 가압중수로(월성원전) 방사능 방출량(단위: 1조 베크렐) [자료: 한수원, 환경방사능 조사 및 평가 보고서*]

구분	한울원전 호기				월성원전 호기			
	1	2	3	4	1	2	3	4
기체								
삼중수소	2.72	2.91	0.658	1.11	13.9	33.8	42.1	47.4
불활성기체[1]	0.006	0.013	0.015	0.014	2.3	15.7	6.2	2.04
액체								
삼중수소	9.27	9.27	14.0	14.0	1.35	4.06	26.8	14.5
미립자[2]	극미량[3]	극미량[3]	-[4]	-[4]	0.0001	0.0002	0.0001	0.0001

* 원전 운영자 발표자료이지만 규제기관이 검토하여 인정하는 결과임.

1) 아르곤-41, 크립톤-85, 제논-133 등

2) 나트륨-24, 망간-54, 코발트-58, 코발트-60, 은-110m 등

3) 0.0001 베크렐 미만.

4) 검출한계 이하.

환경이나 소변에서 방사능이 검출되는 것이 곧 위험은 아니다.

❖ 체내로 들어간 방사능의 위해도는 방사능의 양 뿐만 아니라 그 종류와 에너지, 그리고 인체 내에서의 움직이는 경로에 따라 달라진다. 삼중수소는 약한 베타 방사선만 방출하므로 우리가 접하는 방사성 핵종 중 가장 위해도가 낮다. 그래서 법규에서 방사성물질로 규제하는 농도가 세슘-137은 1 g 당 10 베크렐인데 비해 삼중수소는 1 g 당 100만 베크렐로 10만 배 많다.

• 월성 원전 인근 주민의 소변에서 검출된 삼중수소 방사능(가령 리터 당 10 베크렐)을 피폭 방사선량으로 계산하면 연간 약 0.012 밀리시버트에 해당하는데 이는 일상생활에서 천연 방사능으로 인한 내

부피폭량(지역에 따라 차이는 있지만 평균 연간 2 밀리시버트 이상)의 0.6% 수준이다. 심지어 같은 시도에 살지만 사는 동네나 주택 형태에 따라 받을 수 있는 방사능의 편차(연간 0.5 밀리시버트 이상)의 2% 수준에 지나지 않는다.

• 우리가 일상적으로 섭취하는 음식물에도 kg 당 수십~수백 베크렐의 천연방사능이 있다. 고구마나 감자에는 천연방사능인 칼륨-40이 kg 당 평균 100 베크렐 정도 들어 있고 어떤 감자는 kg 당 60 베크렐, 어떤 감자는 120 베크렐 들어 있어 어떤 것을 사느냐에 따라 60 베크렐 차이가 날 수도 있다. 그렇지만 우리는 감자를 살 때 그 속에 칼륨 방사능을 따져보고 사지는 않는다. 칼륨-40은 삼중수소보다 방사선 위해도가 1,000배 정도 크므로 감자를 고르는 데 따라 받을 수 있는 방사능 차이를 삼중수소로 환산하면 60,000 베크렐이 된다. 월성 원전 인근 지역에서 생산되는 농산물의 삼중수소 농도는 많아야 kg 당 100 베크렐 수준이다.

❖ 일반 국민의 소변을 분석하면 칼륨-40 방사능이 리터 당 15~260 베크렐 수준으로 나타난다. 이를 삼중수소로 환산하면 15,000~260,000 베크렐에 해당하는 양이다.

같은 전기를 얻으면서 왜 삼중수소 방출이 많은 가압중수로를 운영하는가?

❖ 자연계에도 천연으로 많은 삼중수소가 존재한다. 우주 방사선이 대기권에 들어와 핵반응을 일으켜 만들어지는 삼중수소 방사능은 연간

약 6경 베크렐이다. 이에 비해 세계의 400여기 의 모든 원전이 내보내는 삼중수소 방사능은 연간 2경 베크렐 수준으로서 지구 삼중수소 발생량을 30% 정도 증가시킨다.

참고적으로 원전 이외에 과거 지상핵실험으로 쏟아낸 삼중수소 방사능이 워낙 많아(지금도 천연 존재량의 25배) 세계적인 원전 가동에도 불구하고 당분간은 지구 삼중수소 방사능은 계속 줄어들 것이다.

- 원전의 노형을 결정하는 것은 안전성, 경제성, 국제정치적 여건 등 다양한 변수가 작용한다. 삼중수소의 양만 놓고 본다면 발생량이 적은 원전 노형을 선택하는 것이 맞지만 원전은 국가적 차원에서 전체적인 방사선량과 안전성, 경제성, 국제정치적 여건 등 다양한 변수를 감안하여 종합적인 판단으로 결정하게 되는 것이다.

요약

월성원전은 삼중수소 방출량이 많다. 그 결과 주변 환경시료(kg 당 수–수백 베크렐)는 물론 주민의 소변(리터 당 10 베크렐 내외)에서도 삼중수소 방사능이 자연 상태보다 높게 검출된다. 그러나 이로 인한 피폭 방사선량은 이웃 동네 사람 사이 자연방사선 피폭량 차이의 1/10 미만으로서 방사선 안전 관점에서 의미 없는 수준이다.

QUESTION 29 • • •

지역 주민은 방사선 피폭량 측정기가 없는데 어떻게 방사선 피폭량을 알 수 있나?

주민 방사선량은 실측할 수준이 아니어서 계산으로 평가한다

❖ 발전소 안에 있는 방사성물질이 내는 방사선은 두꺼운 차폐 때문에 밖으로 나오지 않는다. 그러나 정상운전 중이라도 소량의 방사성핵종은 발전소 배기나 배수 계통을 통해 환경으로 배출된다. 환경 배출을 최소화하기 위해 정화계통을 두지만 공기나 물의 오염을 완전히 제염할 수는 없기 때문이다.

이렇게 배출하는 방사능은 배출하기 전에 시료를 채취, 분석하여 어떤 방사성핵종이 얼마나 배출되는가를 평가하여 기록한다. 원자력안전법규는 그렇게 배출된 방사능으로 인해 지역 주민이 피폭할 수 있는 방사선량을 연도별로 평가하여 보고하도록 규정하고 있다. 평가는 측정한 방사능 배출량과 부지의 기상자료 및 해역의 수리자료를 이용하여 환경 중 확산과 침적을 계산하고 주민의 공기 흡입, 지역산 식품 취식 등 가능한 피폭경로를 통한 방사선량을 추정하는 방법으로 수행된다. 평가방법은 사전에 규제기관이 승인한 대로 따라야 한다. 하나의 부지에 있는 모든 원전(예를 들어 전남 영광군 한빛 부지에는 6기 원전이 있음)으로 인한 연간 선량이 일반인 선량한도의 25%인 0.25 밀리시버트를 초과하지 않아야 한다.

외부피폭과 내부피폭을 합쳐 1년에 0.25 밀리시버트 미만의 선량은 너무 낮아 실측하기는 어렵다. 그래서 주민 선량평가는 이처럼 계산에 의존한다.

평가의 허점은 환경감시가 보완한다

❖ 원전에서 방출되는 방사능만 감시하고 모델에 따른 계산으로만 평가한 주민 피폭선량은 우발적으로 특정 지역에 쏠리는 현상을 반영하지 못할 수 있다. 이러한 허점은 환경감시가 보완한다. 원전 운영자는 법규에서 정하는 대로 원전 주변 모든 방향으로 수십 킬로미터까지 범위에 대한 공기, 물, 토양, 농산물, 수산물, 해저토 등 환경시료의 방사능과 방사선량률을 측정하고 결과를 규제기관으로 보고한다. 환경방사능이 비정상적으로 집중되어 주민 방사선량이 유의한 정도가 되는 일이 일어나면 환경감시 결과에 그 조짐이 나타나게 된다.

원전 운영자 외에 규제기관과 지방자치단체의 민간환경감시기구도 일부 항목을 독자적으로 감시하여 원전 운영자의 감시를 재확인한다.

방사선사고 후에는 주민도 선량계를 받을 수 있다

❖ 후쿠시마 사고와 같은 방사선사고가 발생하면 대피하지 않고 낮은 수준으로 오염된 지역에 거주하는 주민은 상당한 선량을 받을 수 있다. 구역별로 차이는 있지만 후쿠시마현 주민 일부는 연간 5~10 밀리시버트를 피폭했다. 시간에 따라 점차 줄지만 피폭은 몇 년간 지속된다. 이러한 주민에 대해서는 외부피폭 감시를 위한 개인선량계를 지

급할 필요성도 있고, 적어도 대표자에 대해서 주기적으로 내부피폭 감시도 필요하다. 일본정부는 실제로 후쿠시마 주민의 희망자에 대해 선량계를 지급은 물론 내부피폭 평가를 수행하고 있다.

요약

원전 지역 주민의 피폭량은 개인선량계로 측정할 수 없을 정도로 낮다. 따라서 주민 선량은 원전에서 방사능 배출 감시량을 근거로 모델로 계산한다. 이러한 평가가 간과할 수 있는 허점은 환경방사능 감시 프로그램이 보완하고 있다. 사고 영향지역 주민에 대해서는 개인선량계를 지급할 수도 있다.

QUESTION 30 ...

원전 지역 주민 역학조사 결과 갑상선암 환자가 2배나 많다던데?

갑상선 검사비율이 높으면 갑상선암은 더 많이 발견된다

❖ 2011년 4월 서울대학교 원자력영향역학연구소가 '원전종사자 및 주변지역 주민 역학조사 연구' 결과를 발표했다. 연구는 1992년부터 2006년까지 원전 주변지역 주민 총 11,367명을 검진하고 2011년 2월까지 암발생을 추적 조사한 결과를 포함한다.

그 보고서는 원전에서 멀리 떨어진 대조지역 주민과 비교할 때, 방사선 피폭 후 증가하는 위암, 간암, 폐암, 유방암, 백혈병, 골수암 발생은 차이가 없었으나 여자 갑상선암 발생이 원전 인근에서 2.5배 높음을 보이고 있다.

❖ 불행히도 이 연구는 역학연구 출발부터 중요한 제한점을 안고 있다. 이 연구의 모델인 코호트 연구는 어떤 요인(예: 방사선피폭)이 있는 집단에서 질병의 추이를 그 원인이 없는 대조집단과 비교하여 인과관계를 규명하는 방식인데, 이 연구에서는 요인인 주민의 방사선피폭이 있다고 보기 어렵다.

원전지역 주민이 원전 때문에 더 받는 방사선량이 자연방사선량에 비해 너무 작아 코호트와 대조집단의 방사선 피폭에 차이가 있다고 할 수 없기 때문이다.

❖ 원전 때문에 갑상선암이 증가했다면 원전 근처에서 거주기간에 따라 암발생의 증가가 예상되나 조사결과는 거주기간에 따른 차이는 없었으며, 오히려 15년 이상 거주자가 가장 낮은 발생률을 보이는 것으로 나타났다.

❖ 그렇다면 원전 지역 주민이 대조집단보다 여성 갑상선암 발생만 2.5배 높음은 방사선 영향보다는 다른 원인이 있어 보인다. 가령, 원전 지역 주민이 대조집단보다 더 많이 갑상선 초음파검사를 받았을 수 있는데[6] 갑상선암은 잠재상태가 많아 검사빈도가 높으면 암 진단률도 증가한다.

체르노빌사고 이전의 부검 연구에서도 다른 이유로 사망한 사람의 부검결과 갑상선암이 확인된 비율이 수십%까지 이르렀다.

여성 갑상선 암이 급증하는 추세는 우리나라에서 특히 현저한데(**그림 20** 참조), 주된 원인이 갑상선 초음파 검사의 증가일 것으로 추정하고 있다. 이에 대한 근거 자료로 국내 16개 지역별 갑상선암 검진율과 발생률의 밀접한 관련성를 보여준 일대일 면접조사[7]가 2015년도에 발표되었다(**그림 21** 참조).

---

6) 연구에서 구체적 조사가 없어 확인되지 않으나 원전지역 주민의 경우 주변지역 주민에 대한 의료검진 서비스 사업 때문에 갑상선 검진빈도가 대조집단인 다른 지역 주민보다 높았을 것으로 예상된다.

7) 분석단위가 개인이 아닌 집단이며 관심 인자(예, 노출수준과 질병발생률)에 대한 집단의 대표값을 사용하여 상관관계를 분석한다. 다른 연구에 비해 소요되는 경비와 시간이 적지만, 집단에 대한 결과를 개인에 적용·해석 시 오류(ecological fallacy)에 빠질 수 있다.

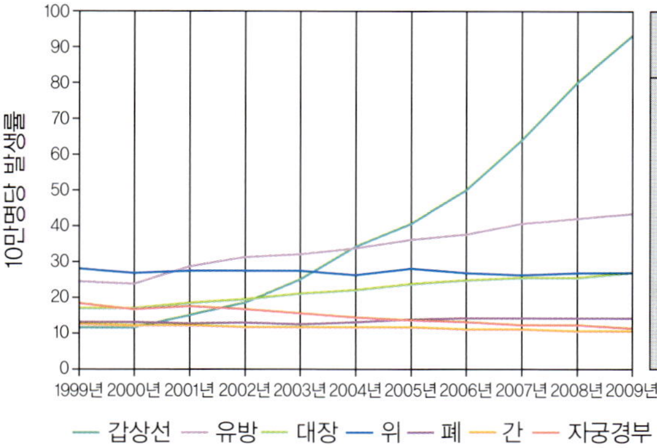

암종	발생연도		연간 변화율 (%)
	1999	2009	
갑상선	11.9	93.5	25.4*
유방	24.5	43.8	6.3*
대장	17.1	26.9	5.1*
위	28.3	27.3	−0.4
폐	12.9	14.3	1.5*
간	12.6	10.7	−1.5*
자궁경부	18.6	12.0	−4.4*

*P<.05

그림 20. 우리나라 여성의 연도별 연령표준화 암발생률 추이.
갑상선암이 현저히 증가하고 있음을 보인다. 검사기술의 발전과 검사빈도 증가가 이 증가의 주된 원인일 것으로 추정하고 있다. 자료: 국가암등록사업 연례보고서(2009년 암등록통계), 보건복지부, 2011.

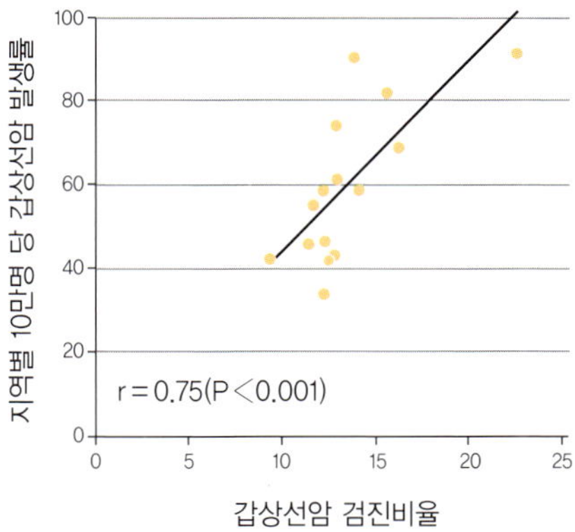

그림 21. 우리나라 성인 갑상선암 검진율과 지역별 발생률(자료: Ahn 등 NEJM, 2014)
갑상선암 검진율이 높은 지역에서 갑상선암 발생률도 높게 관찰되었다.

따라서 갑상선암에 대해서는 총 인구집단의 단순 발생률을 비교하기 보다는 검사빈도를 고려하여 비교하는 것이 적절하다.

요약

정상운전 중인 원전 지역 주민은 암이 증가할 정도로 방사선을 피폭할 일이 없다. 만약 유의한 방사선 피폭이 있었다면 원전지역에서 더 오래 거주한 사람들에게서 갑상선암 발병이 더 높아야 할 것인데 역학연구 결과를 보면 거주기간과 갑상선암 진단 비율이 무관하게 나타났다. 결론적으로 원전 지역 주민의 갑상선암이 높게 나타난 것은 검사율이 높은 데서 온 것으로 의심된다.

QUESTION 31...

방사성폐기물처분장 정말로 안전한가?

방사성폐기물의 준위

❖ 방사성폐기물은 관리전략 차이에 따라 고준위폐기물과 중저준위폐기물(필자에 따라 모두 저준위폐기물이라 부르기도 하고 중준위와 저준위를 구분하기도 한다. 나아가 극저준위, 단수명 중저준위 등으로 세분하기도 한다.)로 나눈다.

고준위 방사성폐기물은 방사능 양이 많아 발열이 문제가 되며 수명이 긴 방사성핵종을 다량 함유한 폐기물로서 현재로서는 지층처분을 그 처분방법으로 본다. 폐기하는 사용후핵연료나 재처리공정에서 나오는 고농도 폐액이 이에 해당한다. 중준위폐기물은 함유된 핵종의 반감기가 수십 년 이내로 짧지만 방사능이 높은 폐기물이다. 원전에서 나온 필터나 탈염기 폐수지가 이에 해당한다. 중준위폐기물은 격리도가 높은 인공방벽 안에 처분하는 것을 원칙으로 한다(예: 경주 처분장과 같은 동굴처분). 저준위폐기물은 중준위보다 훨씬 낮은 준위로 오염된 폐기물로서 방사성오염구역에서 사용했던 비닐, 장갑, 휴지 등이다. 저준위폐기물은 저비용 천층처분장(예: 침투방지 시공을 한 구덩이에 묻고 덮는 트렌치처분)에 처분함을 기본으로 한다. 우리나라에는 아직 천층처분장은 없다.

❖ 사용후핵연료는 최종처분을 결정하면 고준위폐기물이 되지만 우리나라는 2016년 현재 정책이 확정되지 않아 발전소 부지에 저장하고 있다. 저장시설 용량의 한계가 다가오므로 저장시설의 확충과 함께 고준위폐기물 처분장 건설사업을 서둘러야 한다는 것이 '공론화 위원회'의 권고이다.

❖ 우리나라의 방사성폐기물처분장은 경주 처분장 하나 밖에 없다. 경주 처분장은 지하 수십 미터 깊이에 콘크리트 사일로를 건설하고 그 안에 중저준위방사성폐기물을 처분하는 시설이다.

중저준위폐기물 처분장은 안전하다

❖ 중저준위폐기물 처분장에 처분되는 주요 방사성폐기물은 원전에서 발생한 고화체 드럼과 잡고체폐기물 드럼이다. 함유된 주된 방사성핵종은 코발트-60(반감기 5.3년)과 세슘-137(반감기 30년)이다. 처분시설 운영자는 후일 처분장으로부터 방사능이 누설되더라도 환경 중 이동까지 긴 시간이 걸려 그 동안 붕괴, 소멸을 고려하면 안전하다는 논거를 제시한다. 안전성분석보고서에 따르면 경주처분장으로 인근 주민이 미래에 받은 수 있는 방사선량은 연간 0.01 밀리시버트 미만으로 자연방사선피폭과 비교할 때 무의미한 수준이다. 즉, 경주처분장은 안전하다.

방사성폐기물 처분장이 안전하다는 것이 방사능이 전혀 누설되지 않는다는 의미는 아니다. 수백 년 이상의 긴 시간에 대해 방사능을 완전히 가두는 성능을 보장할 수는 없다. 안전하다는 것은 누설이 있더라도 주민의 피폭량이 충분히 낮다는 의미이다.

중저준위폐기물 처분장은 원전처럼 사고가 나서 대량 방사능이 통제할 수 없이 환경으로 나가는 일은 본질적으로 없다. 처분하는 방사성폐기물 자체의 방사능 농도가 낮고 온도도 낮기 때문이다.

시민단체는 지하수 이동이 빨라 안전하지 않다는데?

❖ 파쇄가 많은 암반 특성 때문에 지하수 유동이 빨라 처분 사일로가 조기에 침수될 것이라는 주장이 있다. 그러나 방사성핵종의 이동속도가 지하수 이동속도와 같지는 않다. 처분장에 물이 침투하더라도 코발트나 세슘과 같은 금속 핵종이 콘트리트 방벽이나 땅속을 투과하여 이동하는 속도는 매우 느리다. 50년 전인 1960년대에 지상핵실험으로 지면에 떨어진 낙진의 세슘-137 대부분이 아직 표토 20 cm 이내에 있다. 땅속에서 몇 미터 이동하려면 수백 년 걸린다는 의미이다.

논란이 많은 외부 암석층의 방벽기능은 무시하더라도 점토 충전층과 콘크리트 방벽만 건전해도 방사능을 수백 년 억류할 수 있다. 중저준위 폐기물 드럼의 방사능은 500년 정도가 지나면 잔류 방사능이 10만 베크렐 미만이 된다. 10만 베크렐이라니 많은 것 같지만 흙 한 드럼에는 천연방사능이 이 정도 들어있다.

❖ 이렇게 보면 중저준위폐기물 처분장은 거의 본질적으로 안전하다. 냉정히 말하면 방사능에 대한 일반인의 과민한 반응 때문에 잠재위해에 비해 과분한 방호대책이 강구되고 있다. 아직 국내에는 없지만 외국에는 지표에 트렌치형으로 건설하여 운영하는 저준위폐기물 처분장도 여럿 있다. 후쿠시마 원전사고로 오염된 지역의 제염에서 나오는 방대한 양의 저준위방사성폐기물을 아오모리에 있는 정규 처분장으로 보낼 수는 없으므로 후쿠시마현 적절한 곳에 트렌치형으로 처분

하게 될 것이다.

❖ 방사성폐기물에 대한 우려가 높아진 것은 수명이 길고 방사능이 높아 아직 처분 계획이 불투명한 고준위폐기물에서 비롯한다. 10만년까지 연장되는 고준위폐기물의 위험고려 시간은 모든 것을 불확실하게 만든다. 온갖 '만약에'가 가정되기 때문에 확고한 안전논거를 제시하기 어렵다. 중저준위폐기물을 그런 고준위폐기물과 같이 보는 것은 오해이다.

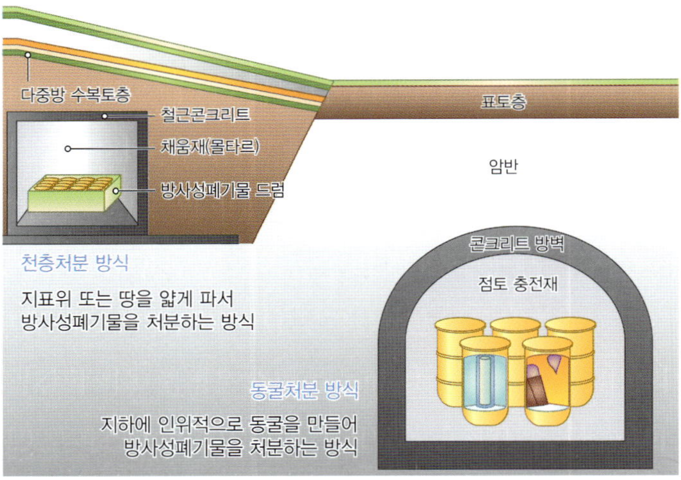

그림 22. 중저준위 방사성폐기물 처분 개념도.
좌상단은 천층처분 방식으로서 방사능이 낮은 폐기물에 적용한다. 우하단은 경주 처분장과 같은 동굴처분시설로서 방사능이 어느 정도 높은 폐기물을 처분함을 목적으로 한다.

요약 방사성폐기물이 위험하다는 일반적 생각은 안전논거가 불충분한 고준위폐기물에서 비롯한다. 중저준위폐기물 처분장은 본질적으로 안전하다.

QUESTION 32...

일반인 선량한도는 왜 종사자 선량한도보다 크게 낮은가?

일반인 피폭은 본인의 의사와 무관하므로 용인수준이 낮다

❖ 방사선작업종사자 피폭과 일반인 피폭의 중요한 차이는 그 피폭에 대해 이해하고 동의하는 '이해동의' 유무이고 이에 따라 위험을 용인하는 수준이 차이난다.

방사선작업종사자는 그 직무에 종사하기 전에 교육을 통해 방사선 피폭 실태와 그 위험에 대해 이해하고 근로계약의 조건으로 이에 동의함을 전제로 한다. 따라서 위험을 감수하는 수준이 높아진다.

이에 반해 일반인 피폭은 이해동의와 무관하게 본인의 의사에 반하여 피동적으로 피폭하는 것이므로 위험을 감수하는 수준이 낮다.

사회조사 결과 직무로 인한 연간 위험은 1천 명 중 1명까지 용인되는데 반해 피동적 위험은 그 1/10인 1만 명 중 1명 수준까지만 용인되는 것으로 나타났다.

❖ 이에 더해 방사선작업종사자는 모두 성인인 반면, '일반인' 집단에는 방사선에 보다 민감한 아동이 포함되기 때문에 아동 보호도 추가로 고려된다. 일생에서 아동기는 짧지만 아동기 피폭은 성인피폭에 비해 3~5배 인체에 영향이 높다.

❖ 위험을 용인하는 수준(10배)과 아동의 민감성을 고려하면 일반인에 대해서는 방사선작업종사자 선량한도보다 수십 분의 1 정도의 선량한도가 예상된다. 매년 일정률로 피폭한 경우 생애 최고 위험이 용인위험에 이르는 선량을 근거로 선량한도를 책정한 결과가 방사선작업종사자는 연 평균 20 밀리시버트, 일반인은 연간 1 밀리시버트이다.

사회가 발전함에 따라 용인하는 위험수준이 점차 작아지는 경향이지만, 선량한도란 법정 상한이고 실제 피폭은 선량한도보다 상당히 낮을 뿐만 아니라 매년 선량한도 수준으로 피폭하더라도 노년기에 이르러서 최고 위험도만 용인한계에 이를 뿐 나머지 대부분 기간은 용인위험보다 낮기 때문에 현재의 선량한도는 방사선을 피폭하는 개인을 충분히 방호할 것으로 국제방사선방호위원회는 판단한다.

선량한도는 정상적인 계획피폭에만 적용된다

❖ 선량한도의 이해에서 중요한 점은 선량한도란 사전에 피폭상황을 이해하고 이에 대해 방호대책이 강구되는 '정상적'인 '계획피폭'에만 적용된다는 것이다. 그러니까 정상 가동 중인 원전으로 인한 주변주민피폭에는 일반인 선량한도가 적용되지만 후쿠시마처럼 사고가 발생한 후 인근 주민이 받는 피폭은 '기존피폭'으로서 선량한도의 적용대상이 아니라 상황에 맞춰 설정되는 '참조준위'를 적용한다.

실내 공기 중 천연 방사능인 라돈으로 인한 일반인 피폭도 기존피폭이다. 따라서 라돈으로 인한 우리국민의 연 평균선량이 약 3 밀리시버트나 되지만 선량한도와는 무관하다.

질병의 진료를 위해 환자가 받는 피폭은 정상적 계획피폭이지만 이 경우는 방사선 피폭보다 질병관리가 우선이기 때문에 방사선량으로 의료행위를 제한하지는 않는다. 다만, 동일한 목적 진단에서 환자선량이 의료기관 사이에 지나치게 차이나는 것(실제 10배 차이나는 경우도 있음)은 부당하므로 '참조준위'를 제시하여 의료기관 자율적으로 불필요한 환자선량을 줄이는 노력을 유도하고 있다.

하나의 계획적 피폭원이 일반인에게 주는 선량은 선량한도의 일부(30% 이내)이어야 한다

❖ 일반인 선량한도의 실제 운영은 더욱 엄격한 원칙을 적용하는데, 일반인은 복수 피폭원에 노출될 가능성이 있기 때문에 하나의 특정 방사선시설(예: 원전)이 주민에게 주는 방사선량은 선량한도보다 충분히 낮아야 한다(국제방사선방호위원회는 30%를 권고한다). 우리나라는 정상 운영되는 원전으로 인해 주민이 피폭하는 방사선량은 연간 0.25 밀리시버트(선량한도의 25%) 이하가 되도록 규제한다.

요약

일반인 선량한도가 방사선작업종사자 선량한도의 1/10 이하로 낮은 주된 이유는 '이해동의' 없는 피폭이어서 용인수준이 낮기 때문이며, 나아가 일반인은 상대적으로 방사선에 민감한 아동을 포함하는 점도 고려된 것이다. 정상 운영되는 하나의 시설로 인한 일반인 선량은 선량한도 아래에서 상황에 맞게 설정되는 선량제약치(보통 연간 0.1~0.3 밀리시버트)를 적용하여 관리한다.

QUESTION 33...

일반인 선량한도 1 밀리시버트는 무슨 의미인가?

선량한도가 위험과 안전의 경계선은 아니다

❖ 개인 선량한도는 의도적으로 도입하는 상황에서 충분한 방호를 계획함으로써 낮은 수준으로 피폭을 유지할 수 있는 '정상상태'에 적용하는 기준이며 이를 초과하면 위법이다. 피폭자 자신의 특별한 이익과 관련 있는 정상피폭에는 선량한도를 적용하지 않는데 질병의 진료를 위한 의료피폭이 그 예이다.

자연계에 일상적으로 있는 자연방사선 피폭은 의도적으로 도입한 것이 아니므로 선량한도 적용대상이 아니며 우발적 사고로 인한 피폭도 선량한도 적용대상이 아니다.

❖ 출생부터 매년 1 밀리시버트를 계속 피폭하더라도 그로 인한 연간 위험이 용인 가능수준으로 보는 연간 1/10,000보다 낮게 유지될 것으로 평가한다. 이것이 일반인 선량한도를 연간 1 밀리시버트로 설정한 배경이다.

우리나라 5천만 인구에서 매년 7천 명 정도 사망하는 교통사고 위험은 10,000명당 1.4명 수준이다.

❖ 선량한도란 방사선 피폭원을 합리적으로 안전하게 규제하기 위한 관리수단이지 선량한도를 초과하면 위험하다고 보는 경계선은 아니다. 선량한도 이상이면 위험하고 미만이면 안전하다는 표현은 옳지 않다.

합리적 개념에서 '위험하다'고 말할 정도의 피폭은 단기간에 100 밀리시버트 이상 받는 경우이다. 100 밀리시버트 아래에서는 암 증가가 확인되지 않았고 임상적으로 의미 있는 조직손상도 없다.

식품의 방사능 기준은 선량한도를 근거로 하지 않는다

❖ 선량한도는 의도적 행위에 대해 적용하는 것인데 식품에 의도적으로 방사능을 첨가할 이유는 없다. 후쿠시마와 같은 사고로 오염된 식품의 소비통제 기준은 정상적 상황이 아니므로 선량한도를 근거로 하지 않고 '상황에 맞게' 설정하는 '참조준위'를 근거로 한다.

아주 작은 지역(예: 한두 마을 정도)만 오염되어 지역의 모든 식품을 포기하더라도 사회적 손실이 경미하므로 사소한 수준(연간 0.1 밀리시버트 정도)이 아니면 감내하기 어렵다. 이는 수입식품에서도 같다.

반면, 전국이 오염되어 모든 지역에서 생산하는 식품이 kg당 1000 베크렐 수준으로 오염되었다면 참조준위를 370 베크렐로 정해 모든 국산 식품을 폐기할 수는 없으므로 참조준위를 1,000 베크렐 정도로 올릴 수밖에 없다.

❖ 비식용 일용품의 경우 방사능을 이용할 가치가 충분하고 방사능의 존재를 소비자가 알고 선택할 수 있다면 방사능 함유를 원천적으로 봉쇄할 당위성은 없다.

천연방사능을 함유한 온열매트에 대해 공급자가 그 효과를 입증하고 사용으로 인한 피폭선량 범위를 고지하는 경우, 소비자가 이를 이해하면서 건강에 도움이 될 것으로 믿어 사용한다면 그 선량에 일반인 선량한도 1 밀리시버트를 적용하는 것은 합리적이지 않다(일반인 선량한도는 이해동의 없는 일방적 피폭에 대해 설정되는 것이다).

그러나 이 경우에도 내용을 모르는 제3자가 피폭할 가능성, 사용 후 폐기물관리 문제 등을 고려하여 규제기관이 방사능 함량이나 선량률에 대한 적정 상한을 설정할 수는 있다.

요약

선량한도는 방사선피폭을 유발하는 '의도적 행위'의 정상적 상황에 적용하는 관리수단이지 안전과 위험을 구분하는 경계선이 아니다. 일반인 연간 선량한도 1 밀리시버트는 현재 사회가 용인할 수 있다고 보는 위험을 근거로 일생 동안 지속되는 피폭을 가정하여 산출되었다. 주거공간에 있어온 라돈에 의한 피폭이나 사고로 오염된 지역에 거주하는 주민의 피폭과 같은 기존피폭에는 선량한도가 적용되지 않고 상황에 맞춰 설정한 참조준위를 적용한다. 참조준위는 대개 연간 1 밀리시버트보다 높다.

QUESTION 34...

일반인 기준치 1 밀리시버트는 환경을 관리하기 위한 것이므로 사람이 피폭하면 그 아래에서도 암이 걸릴 수 있다던데?

일반인 선량한도 연간 1 밀리시버트는 개인을 보호하기 위한 장치이다

❖ 연간 1 밀리시버트라는 기준은 계획적으로 도입하는 방사선원 때문에 자기 의사와 무관하게 방사선을 피폭하게 되는 일반인에 적용하는 개인 선량한도이다. 이 값은 방사선 위험에 대한 과학적 자료와 현대 사회에서 일반인이 위험을 감수하는 수준을 고려하여 국제방사선방호위원회(ICRP)가 설정한 것이다.

❖ 어떤 사람 주변에는 둘 이상의 방사선원이 있을 수도 있으므로 하나의 방사선시설로 인해 주민(일반인)이 피폭하는 방사선량은 일반인 개인 선량한도인 연간 1 밀리시버트보다 상당히 작아야 한다. 그래서 하나의 시설로 인한 주민 선량은 연간 0.3 밀리시버트를 넘지 않도록 규제하는데 굳이 표현하자면 이것이 환경관리 기준이다.

즉, 연간 1 밀리시버트는 환경관리 기준이 아니라 일반인 개인을 적절히 보호하기 위한 기준이다.

암에 걸릴 수 있다는 말이 암에 걸린다는 말은 아니다

❖ "1 밀리시버트를 피폭해도 암에 걸릴 수 있다."는 말을 틀렸다고 말할 수는 없다. 적은 방사선피폭에서도 암 위험이 있다는 것을 증명하기 어렵듯이 암 위험이 없다는 것도 증명하기 어려우므로 전문가도 반박을 두려워해 종종 "위험이 있을 수 있다."처럼 애매하게 말한다.

❖ 100 밀리시버트 이하의 방사선이 인체에 유해한지는 과학적으로 입증되지 않았다. 이는 100 밀리시버트 이하에서는 위험이 매우 낮아서 방사선에 노출된 사람과 노출되지 않은 사람들을 비교해도 보건상 차이를 관찰할 수 없었다는 것을 의미한다. 실제로 위험이 없을 수도 있고 위험이 있는데 발견하지 못하는 것일 수도 있다.

다만, 방사선방호의 정신은 100 밀리시버트 미만에서도 그보다 높은 선량에서 관찰된 위험에 비례하는 위험이 따를 것으로 가정하는 '문턱 없는 선형비례 모델'을 채택하고 있다.

이 모델을 낮은 선량까지 연장하면 1 밀리시버트 피폭 후 연간 암 위험은 대략 1백만 명 당 2명으로 계산된다. 즉, 1 밀리시버트에서도 작지만 암 위험이 있다고 가정한다. 그러나 이는 방호를 위한 가정일 뿐 사실인지는 모른다.

❖"위험이 있을 수 있다."는 표현은 "위험이 있는지 모른다."와 같은 의미지만 무심히 듣는 사람에게 "암 위험이 있다."와 같은 의미로 전달된다. 방사선 위험을 부풀리려는 사람은 이 효과를 알고 의도적으로 이처럼 애매한 표현을 쓴다.

❖ 위험이 있다고 해서 사소한 위험을 진정한 위험으로 확대하는 것은 합리적이지 않다. 사소한 위험은 방사선뿐만 아니라 도처에 존재한다.

미국에서 매년 수영장에서 940명, 욕조에서 600명이 익사한다.[8] 각각 1백만 명당 3명과 2명 수준의 위험이다. 즉, 욕실에 욕조를 두는 것이 방사선 1 밀리시버트를 피폭하는 것과 비슷한 위험인 셈이다. 그래서 수영장이나 욕조를 없앨 것인가?

방사선만 보더라도 우리 국민이 평균적으로 일생동안 피폭하는 자연방사선량은 약 300 밀리시버트이다. 사는 곳에 따라서 그 두 배를 피폭하는 사람들도 많다. 그런데 어떤 사건(예: 서울 월계동 도로 방사능 오염사건)으로 인해 평생 수밀리시버트를 더 받는다는 것이 무슨 의미가 있겠는가?

요약

낮은 선량에서도 암 위험이 있다고 가정하더라도 1 밀리시버트 피폭으로 인한 암 위험(확률)은 지극히 낮다. 위험은 그 확률을 고려하여 실체를 보아야 한다. 서울에 일본처럼 진도 9의 지진이 올 수도 있다고 말할 수는 있지만 그렇다고 그런 지진에 견디도록 짓는 건물은 거의 없다. "암에 걸릴 수 있다."는 말을 "암에 걸린다."로 이해해서는 안 된다.

8) Wikipedia

QUESTION 35...

유아용 분유에서 세슘-137이 검출되었다는데...

우유에 세슘 방사능이 왜 들어있나?

❖ 세슘-137은 인공방사성핵종이지만 과거 지상핵실험과 1986년 발생한 체르노빌 사고의 여파로 지구 전체에 낮은 농도로 존재한다. 결과적으로 지표의 모든 물질에는 미량 세슘이 함유되어 있으며 우리 몸이나 우유도 예외가 아니다.

지상핵실험이 중단된 지 40년 가까이 되었지만 여전히 미량의 세슘이 낙진으로 떨어진다.

❖ 후쿠시마 사고 이전인 2000년대 초반에 원자력안전기술원과 전국 12개 지방방사능측정소가 공동으로 국내 유통 식품에 대한 방사능 함유량을 분석한 결과 전지분유에는 0.22±0.3 베크렐/kg (최고 0.4 베크렐/kg)의 세슘-137이 함유되어 있었다. 생유 중 농도는 이 값의 약 1/10인 0.025±0.08 베크렐/L이었다.[9]

분유의 세슘 방사능 농도가 0.22±0.3 베크렐/kg이란 것은 시료에 따

9) 한국원자력안전기술원, KINS/ER-28, 전국 환경방사능 조사. 연례보고서로 매년 새로운 볼륨으로 발간된다. 2006년부터 주요 자료는 인터넷(http://clean.kins.re.kr/)에서도 확인 가능하다.

라 0.1~0.5 베크렐/kg까지는 농도가 변동한다는 의미이다. 세슘 방사능 문제가 보도된 제품의 농도도 0.4 베크렐/kg으로 이 범위 내에 있는 것이었다.

방사능 검출기술은 식품기준의 0.1%도 검출할 정도로 민감하다. 분유뿐만 아니라 모유에도 세슘-137이 함유되어 있음을 어렵지 않게 입증할 수 있다.

발견되는 분유의 세슘 방사능은 보건영향을 고려할 대상이 못 된다

❖ 세슘-137 1 베크렐 섭취 당 일생 동안 선량은 유아의 경우 2.1×10^{-5} 밀리시버트이므로 이런 분유 섭취로 인해 0.1 밀리시버트를 피폭하기 위해서는 분유 약 5,000 kg을 섭취해야 한다는 계산인데 이런 섭취는 불가능하다. 따라서 kg 당 수 베크렐 수준의 세슘 방사능을 섭취하는 것으로 유아의 건강에 영향을 미치지 않는다.

❖ 보다 중요한 것은 무슨 식품이든 세슘뿐만 아니라 다른 여러 방사능을 함유하고 있다는 점이다. 분유는 천연 방사성핵종인 칼륨-40을 약 370 베크렐/kg 함유하고 있다. 방사성핵종이 천연적인 것이든 인공적인 것이든 방사선학적 영향을 미치는 과정은 동일하므로 늘 있는 천연방사능의 1/1,000 정도의 인공 방사능을 두고 걱정하는 것은 공연한 것이다.

다른 식품의 예를 보면 콩에는 kg 당 세슘-137이 약 0.27 베크렐, 칼륨-40이 약 530 베크렐 들어있으며, 쌀에는 kg 당 세슘 약 0.01 베크렐, 칼륨-40 약 25 베크렐이 들어있다.

표 5. 일상 소비식품 중 방사능 수준(후쿠시마 사고 이전)

식품	방사능 농도 (베크렐/kg)				
	세슘-137	칼륨-40	우라늄	토륨	라듐
쌀	0.015	25	0.002	0.018	0.03
콩	0.271	532	0.044	0.499	0.45
콩나물	0.031	52	0.340	0.02	0.05
명태	0.134	93	0.045	0.009	0.05
바지락	0.026	58	0.630	0.329	0.10
돼지고기	0.089	80	0.012	0.010	0.07
배추	0.030	68	0.004	0.031	0.11
전지분유	0.022	370			

* 세슘-137은 과거 지상핵실험으로 인한 인공 방사성핵종임. 나머지는 천연 방사성핵종임.

요약

유아용 분유에서 인공방사성핵종인 세슘-137이 1 베크렐/kg 미만 수준으로 발견되는 것은 늘 가능한 일이다. 이러한 분유 섭취로 인해 유아의 보건에 미치는 영향은 우려할 대상이 아니다.

QUESTION 36 . . .

방사능에 오염된 도로, 식기걸이, 벽지 - 위험한 방사성물질이 왜 주변에서 발견되는가?

방사성물질은 생각보다 널리 이용되고 있다

❖ 생활주변의 방사선원은 크게 두 갈래이다. 하나는 인공방사선원이고 다른 하나는 천연방사성물질이다.

❖ 인공방사선원

방사선 방출이 사소하여 본질적으로 안전한 것을 제외 하고는 인공방사선원은 모두 규제대상이다. 본질적으로 안전하거나(예: 교육용 미량선원) 그것이 향상시키는 안전에 비해 유발하는 위험이 충분히 작은 인공방사선원(예: 연기감지기, 비상구 표지용 야광소자 등)은 규제로부터 면제하며 따라서 생활주변에서 발견될 수 있다. 규제받는 모든 선원은 사용장소와 방법을 제한하므로 관리되지 않은 상태로 생활주변에서 발견되지 않아야 한다.

인공방사선 안전관리에서 가장 중요한 것은 방사선원(방사성물질 또는 발생장치)의 소재를 확고하게 관리하는 것이다. 소재관리가 잘못되어 방사선원이 분실되면 관리되지 않은 상태로 생활주변에서 발견될 수 있다.

도로 방사능오염이나 시판되는 식기걸이에서 인공 방사능이 발견된 것도 방사성물질이 안전관리 체계를 벗어나서 초래된 것이다. 이를 고아(孤兒)선원 또는 무적(無籍)선원이라고 부르는데, 재활용 고철로 유입되면 용광로 분진이나 슬래그를 재활용한 도로포장재가 방사능에 오염되거나 생산된 철강으로 만든 제품이 오염된다.

우리나라는 방사성물질을 생산 또는 수입할 때부터 최종 폐기할 때까지 소재를 관리하는 '방사선통합안전관리체계'를 운영한다. 언론에 보도된 방사성오염 식기걸이는 중국에서 수입된 철사로 제조된 것으로 우리나라 방사성물질과는 무관하다. 아스팔트를 오염시킨 선원이 국내에 있던 것인지 수입한 고철을 따라 부지중에 들어온 것인지는 밝혀지지 않았다. 그러나 국내에서 상당한 규모의 세슘-137 선원이 분실된 적은 없으므로 아마도 수입고철 문제로 보인다.

❖ 천연방사성물질

천연방사성물질은 천연 방사성핵종(우라늄 및 토륨, 그리고 그 자손 핵종, 칼륨-40 등)을 일정 수준 이상 함유한 광물로서 전통적으로 이용해오던 물질이다.

천연방사성핵종을 유의하게 높은 수준으로 함유하는 광물(예: 보키사이트, 주석광), 인산비료 원료, 특정산지 석고 또는 점토, 모나자이트(토륨을 함유한 모래) 등을 원료로 만든 여러 생활주변 제품(칼리비료, 전기용접봉, 특수페인트, 일부 도자기 및 세라믹 장신구, 벽돌 및 내화벽돌, 건축 석재 등)이 천연방사능을 상당 수준 함유한다.

근래에는 천연방사성물질이 주위 공기를 이온화시켜 음이온을 발생시키는 특성을 이용하여 여러 가지 건강보조상품을 개발, 상용화하는 경향이 있다. 방사능 문제가 제기되었던 온열침대나 벽지의 예가 그렇다.

전통적으로 이용하던 광물을 그것이 미량의 방사능을 함유하고 있다는 이유만으로 사용을 금지하는 것은 부당하며 금지를 이행하기도 사실 어렵다. 논밭의 흙이나 산의 암석에 접근을 규제할 것인가를 생각해보면 분명하다. 유난히 방사능 농도가 높아 그로 인한 사람의 피폭이 우려할 수준일 때만 규제한다.

자연방사선 피폭 수준도 인공방사선으로부터 받는 피폭에 못지않을 경우들이 있다는 사실과 일부 소비자용품에서 방사선이 유의하게 측정됨에 따른 국민의 우려가 있어 2011년〈생활주변 방사선안전관리법〉을 신설하여 2012년 7월부터 시행하고 있다.

도로 오염사건 자체는 잘못된 관리의 결과이다

❖ 방사선 영향이 없더라도 주택가 도로가 인공 방사성핵종에 유의하게 오염된 사건 자체는 방사선 안전관리의 문제점이다. 오염도로 포장에 사용된 포장재(아스콘)가 어떤 공장에서 왔는지 기록이 없어 오염 행위자를 찾지는 못했다. 그러나 공정특성과 해외 사례를 참조할 때 관리소홀로 분실된 세슘-137 선원이 고철로 유입되어 용광로에서 녹음에 따라 오염된 제철 부산물(용광로 분진이나 슬래그)을 아스콘 생산에 활용함에 따른 것으로 보인다. 국내에서 사용허가를 받은 세슘-137 선원이 분실된 것이 없어 수입고철을 통해 반입된 것으로 해석된다.

❖ 도로오염에 이어 발견된 식기걸이의 코발트-60 오염도 마찬가지이다. 다만, 금속의 특성상 용광로에서 녹을 때 세슘은 주로 분진 쪽에 모이는 반면 코발트는 합금형태로 철강제품으로 이동한 차이일 뿐이다.

❖ 고철에 방사선원이 유입되는 문제는 과거에도 있었다. 멕시코에서 코발트-60으로 오염된 철재로 만든 사무가구가 미국에서 발견된 사건이 있는가 하면, 타이페이에서는 코발트-60으로 오염된 철근으로 지은 아파트가 발견되어 큰 소동을 빚은 사례도 있다. 방사능에 오염된 철강이나 부산물을 공급하였을 때 부담할 배상이나 보상 문제가 심각함을 인식하여 대부분 재활용고철 사업자는 7, 8년 전부터 출입구에 방사선감시기를 설치하여 반입고철의 방사능을 감시하고 있다.

그림 23. 서울 월계동 방사능 오염도로를 파내는 장면.
긴급하지 않은 오염을 지방자치단체가 급작하게 파냄으로써 다량의 방사성폐기물을 발생시켜 거액의 처분비용을 유발했다.

제철소 방사선감시기가 있는데 왜 이런 사건이 생겼나?

❖ 오염된 도로의 포장은 오래전인 2000년에 실시한 것이다. 당시에는 일부 대형 제철사업자만 고철 방사능 감시를 수행하고 있었다.

❖ 식기걸이 코발트 방사능 오염은 국내 제조업체가 중국산 스텐레스강 철사를 수입하여 제작한 것으로 밝혀져 국내 제철업체와는 무관하다.

요약

주택가 도로가 인공 방사성물질에 오염된 것은 놀랄 일이며 방사선안전관리의 허점이다. 다행히 오염준위는 낮아서 지역 주민이 유의한 방사선피폭을 받지는 않았다. 방사능은 위험하니 무조건 생활주변에 없어야 한다는 생각은 잘못이다. 약간의 방사능을 함유하지만 본질적으로 안전하고 큰 편익을 제공하는 제품은 유통을 규제하지 않는다. 그러나, 위험이 낮더라도 인공방사성물질이 부당하게 생활주변으로 흘러드는 일은 막아야 한다.

QUESTION 37 ...

도로 오염지역 인근에서 출산했는데 괜찮을까?

오염도로 때문에 받은 방사선량은 태아 건강을 위협할 수준과는 거리가 멀다

❖ 임신 중 피폭할 경우 특별한 위험은 두 가지이다. 첫째는 기형이나 발육이상과 같은 조기영향이며, 둘째는 출생 후 암 위험(특히 소아기 암 위험)의 증가이다.

- 배아 소실이나 기형유발은 원인과 결과가 직결되는 결정론적 영향으로서 문턱선량(약 100 밀리시버트) 이상에서만 발생한다.
- 암 유발은 확률론적 영향으로서 위험이 선량에 비례하는 것으로 본다. 배태아기 또는 영아기 피폭은 성인의 피폭에 비해 암 위험이 3~5배 높은 것으로 평가한다.

❖ 오염도로 아스팔트에서 측정된 방사선량률은 최고 시간 당 0.002 밀리시버트 내외로서 보수적인 시나리오에 따라 주민이 피폭할 수 있는 피폭량을 평가하면 연간 0.5 밀리시버트 수준이다. 현실적으로 평가하면 이보다 상당히 낮아 0.2~0.3 밀리시버트 정도일 것으로 본다.

• 임신 기간은 1년 미만이므로 태아가 피폭한 방사선량은 0.5 밀리시버트 이내가 된다. 이 선량은 태아의 결정론적 기형유발 문턱선량인 100 밀리시버트와 비교하지 못할 수준으로 낮다. 즉, 오염지역 거주로 인해 태아의 기형 위험은 없다.

표 6. 태내피폭으로 인한 기형 및 암 위험 증가(자료: ICRP 84)

자연방사선을 제외한 태아선량(밀리시버트)	기형이 발생하지 않을 확률 (%)	소아암(0~19)이 발생하지 않을 확률(%)
0	97	99.7
0.5	97	99.7
1.0	97	99.7
2.5	97	99.7
5	97	99.7
10	97	99.6
50	97	99.4
100	(97에 근접)	99.1

• 연간 0.3 밀리시버트 정도는 사는 지역에 따라 땅에서 오는 지각감마선 피폭량의 차이 수준 밖에 되지 않는다. 서울 관악구 지역과 인근 구로구나 강남구 지역의 연간 지각 감마선 피폭량 차이가 약 0.3 밀리시버트이다. 제주도와 서울을 비교하면 서울이 제주도보다 연 평균 0.6 밀리시버트 정도 높다. 서울 어머니가 제주도 어머니보다 방사선 많이 받는다고 걱정하지 않듯이 오염도로 인근 지역 어머니도 걱정할 일이 아니다.

태아 선량한도 1 밀리시버트는 계획된 피폭에 대한 것이다

❖ 오해하지 말아야 할 것은 계획피폭상황에서 태아에 대한 선량한도(출산까지 1 밀리시버트)는 태아를 하나의 일반인으로 보아 보호하기 위한 기준이지 1 밀리시버트를 넘어 피폭하면 태아가 유의한 위험에 처하는 것은 아니라는 점이다. 계획피폭에서는 일반인의 피폭 기피심리까지 고려하여 미리 선량을 낮춘다. 이에 비해 아스팔트 오염으로 인한 피폭은 우발적인 것으로서 우연히 자연방사선이 높은 지역에 살게 된 것과 사실상 차이가 없는 기존피폭으로 볼 수 있다. 기존피폭으로 받는 선량을 계획피폭에 적용되는 연간 1 밀리시버트 기준과 비교하는 것은 옳지 않다.

서울지역 연간 지각 감마방사선량(밀리시버트)

그림 24. 서울에서 지역에 따른 연간 지각 감마선량 차이.
제시된 선량이 지역 전체의 평균은 아니지만 측정점을 기준으로 볼 때 관악구와 구로구는 약 0.3 밀리시버트 정도 차이가 있다.

• 우리나라에도 자기 집에서 실내 공기 중 라돈으로 연간 5 밀리시버트 이상 피폭하는 사람이 많다. 그러나 주택에서 라돈 피폭은 기존피폭이므로 일반인 선량한도 1 밀리시버트와 비교하지 않는다.

요약

환경이 오염된 지역에 거주함으로써 몇 년 동안 연간 0.5 밀리시버트 정도를 추가로 피폭하는 것은 개인 위험을 유의하게 높이지 않는다. 이런 지역에서 아기를 갖더라도 태내 또는 출산 후 생애 위험증가는 없다고 말할 수 있다. 도로 오염지역 인근에서 출산한 것은 제주도 사람이 서울에서 아기를 가져 출산한 것과 다를 바 없다.

QUESTION 38 ...

항공승무원도 방사선작업종사자인가?

국제선 항공승무원은 방사선작업종사자로 봄이 옳다

❖ 우주에서 오는 우주방사선은 공중으로 올라갈수록 강해져 국제선 항공기가 운항하는 10~12 km 고도에서는 지표에서 우주선 강도보다 10배 정도 높아진다. 위도나 태양활동 정도에 따라 차이가 있지만 중위도 이상에서는 시간 당 약 0.005 밀리시버트 정도이다. 따라서 연간 국제선 항로를 800시간 탑승하면 총 선량은 4 밀리시버트 정도가 되는데 이 선량은 원전 방사선작업종사자의 평균선량보다 높다.

우리 원자력안전법은 방사성물질이나 방사선발생장치를 의도적으로 취급하는 데에 대해서만 규제하기 때문에 이러한 방사선원을 취급하지 않는 항공승무원은 원자력안전법 규정에 따른 '방사선작업종사자'는 아니다. 그러나 국제권고는 직무로 방사선을 피폭하면 모두 직무피폭으로 간주한다. 유의한 수준의 직무피폭을 받는 종사자는 방사선작업종사자와 마찬가지이다.

그래서 2012년 7월 신설한 〈생활주변방사선안전관리법〉은 국제선을 탑승하는 항공승무원에 대해 방사선량을 평가하고 관리하도록 규정하고 있다. 승무원의 피폭선량은 굳이 개인선량계를 패용하지 않더라도

비행노선, 비행고도 및 운항횟수 등을 알면 산출할 수 있다.[10)]

참고로 국제선 항로만 지정하는 이유는 우리나라에서 국내선 항로는 비행고도가 7 km 이내인데 이 고도에서는 우주방사선 강도가 낮아 피폭이 거의 없기 때문이다.

❖ 일반 방사선작업종사자와 마찬가지로 항공승무원이 임신한 경우에는 이를 고용주에게 알려 업무를 조정함으로써 태아가 1 밀리시버트를 넘어 피폭하지 않도록 해야 한다. 항공사의 실제 관행도 과로를 피하기 위해 임신한 승무원은 지상근무로 조정한다.

항공여행 승객이 받는 피폭은 일반 자연방사선 피폭으로 간주하여 관리하지 않는다

❖ 비행기 안에서는 승무원이나 승객은 같은 방사선을 피폭한다. 그러나 승객은 연간 탑승시간이 피폭관리가 필요할 정도로 많지 않기 때문에 일반 자연방사선 피폭처럼 관리대상에서 면제한다.

그러나 여행사 직원이나 전문 배달원처럼 직무로 국제선 여행이 매우 빈번한 사람이라면 방사선작업종사자로 인정해 줄 것을 고용주에게 요청할 수 있겠다. 탑승 정보만 있으면 자신이 얼마나 많은 방사선을 피폭하는지는 인터넷을 통해 확인할 수 있다.

10) 예를 들어 SIEVERT 프로그램(http://www.sievert-system.org/WebMasters/en/evaluation.html)에 출발 일시와 공항, 도착일시와 공항을 입력하면 그 비행에서 받는 선량이 계산된다.

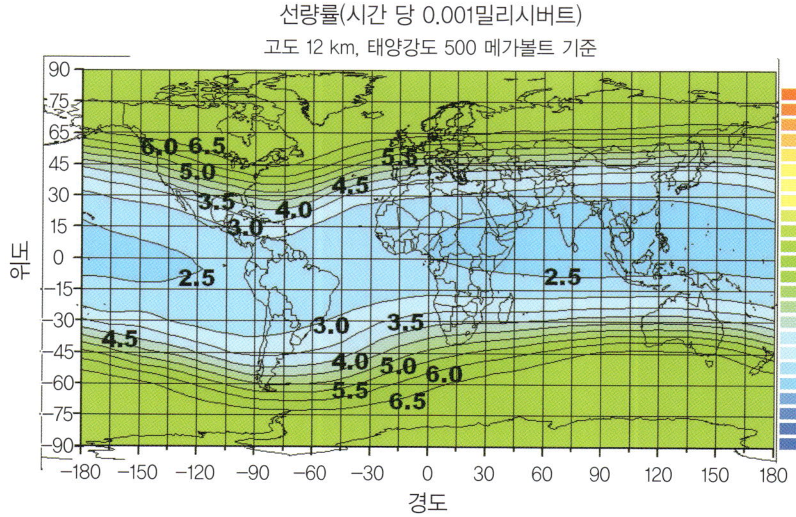

그림 25. 보통 상황에서 지구상 위치에 따른 우주방사선 선량률 분포.
지자기 영향 때문에 극권에서 높고 적도에서 낮다.

요약

항공승무원도 원론적으로 방사선작업종사자로 간주함이 적절하다. 따라서 항공사는 승무원이 직무에 종사하기 전에 탑승 중 받는 우주방사선량과 그 위해에 대해 알리고 동의를 받는 것이 필요하다. 피폭선량은 계산으로 얻을 수 있으므로 개인선량계 패용은 필요하지 않다.

QUESTION 39...

나는 싫은데 공항에서 신체 X선검사를 받아야 하나?

테러예방을 중시하는 나라의 정책이다

❖ 일부국가(특히 미국)에서는 필요에 따라 항공승객에 대해 속칭 '알몸투시기'를 통해 X선검사를 실시하고 있다. 민간항공기를 악용한 9/11 테러사태 이후에 생겨난 관행이다. 그 이전에는 의료목적 이외에는 의도적으로 인체에 방사선을 조사하는 일은 부당한 것으로 간주했다. 그러나 9/11 사태에서 테러리스트는 수백 명의 무고한 승객을 태운 채 항공기를 목표물로 돌진시키는 비인간적인 방법도 서슴치 않았다. 그래서 테러위협이 높은 나라에서 항공기 보안은 우선순위가 높은 국가 안보대책이다.

금속탐지기만으로는 플라스틱형이나 액체형 폭탄 등 신체에 숨긴 무기를 색출하는 데 한계가 있다고 판단하여 미국은 반사형 또는 투과형 X선 인체검색기를 공항에 배치하기에 이르렀다. 네덜란드 등 일부 국가도 미국행 승객을 중심으로 인체 X선 검색을 실시하고 있다. 우리나라도 G20 정상회의 등 특별한 상황일 때 한시적으로 일부 승객에 대해 X선 검색을 실시한 바 있다.

미국 공항에서 실시하는 X선 신체검색은 미국 법률이 인정한 합당한 검사이다.

X선 신체검색에서 받는 방사선량은 얼마나 되나?

❖ 모델과 형식(반사형 또는 투과형)에 따라 차이가 있으나 한 번 촬영 당 1/10,000 밀리시버트 미만이다. 이 선량은 1시간 동안 일반적 지각감마선량 수준으로서 무시할 정도로 작다. 특히 장거리 비행의 경우 항공기 안에서 한 시간 동안 받는 우주방사선량이 보통 4 마이크로시버트 정도로서 검사로 받는 선량의 40배나 된다. 우리나라에서 미국까지 간다면 12시간 이상 걸리므로 우주선 선량이 약 500배나 많다. 즉, X선 인체검색기는 방사선피폭 관점에서 충분히 안전하기 때문에 테러 위험을 줄이는 명분이 고의적으로 사람을 피폭하게 만드는 행위를 무리 없이 정당화한다.

X선 인체검사를 '알몸투시'라고 부를 정도여서 인권이 침해된다던데

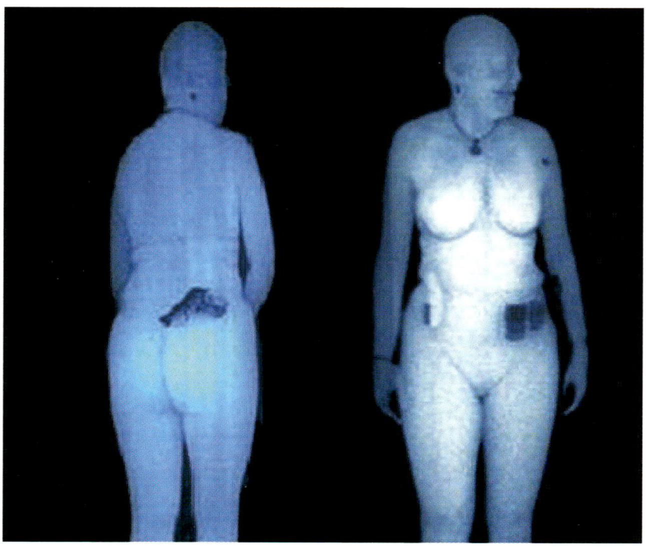

그림 26. 프라이버시 침해 문제로 반발을 산 공항 보안검사용 X선 반사영상의 예.

❖ 초기 모델은 사람의 투시영상을 보임으로써 알몸투시라는 비난을 받았고 심각한 프라이버시 침해라는 이의도 제기된 바 있다. 이 때문에 법률과 기준 개정을 통해 목 아래만 촬영하도록 하고 촬영한 영상은 이상이 없는 경우 저장하지 않고 즉시 지우도록 기준을 고쳤다.

요약

테러 위협이 높은 나라에서는 항공기가 테러의 목표나 도구가 되지 않도록 승객에 대한 소지품 검사를 강화할 필요가 있다. X선 인체검색기 1회 촬영으로 받는 선량은 1/10000 밀리시버트 미만으로 10 km 상공 비행기 안에서 1~2분 동안 받는 우주방사선 피폭량 수준에 지나지 않아 안전하다. 촬영 영상의 프라이버시 침해 문제에는 유의해야 한다.

QUESTION 40...

내부피폭은 외부피폭보다 더 위험한가?

방사선량이 같아도 내부피폭이 300배 이상 더 위험하다던데...

❖ 방사선 위험을 과장하는 일부의 주장일 뿐 학계의 정설이 아니다. 내부피폭이란 신체 내부로 들어와 분포하는 방사성핵종이 내는 방사선이 그 사람 조직에 에너지를 전달하여 주는 피폭을 말한다. 이에 비해 외부피폭은 몸 밖에서 방사선만 들어와 인체조직에 에너지를 전달하는 피폭이다. 두 피폭을 비교하면 방사선을 내는 방사선원이 몸 밖에 있느냐 몸 안에 있느냐의 차이일 뿐 그 방사선이 조직에 에너지를 전달하는 현상은 동일하다. 방사선 영향은 인체조직이 방사선에너지를 흡수한 양 즉, 방사선량이 결정하지 방사선원의 위치가 결정하는 것이 아니다.

비유하자면 냄비의 물을 아래서 가스레인지로 데우는 것과 냄비 안에 달구어진 쇠구슬을 넣어 데우는 것과 비슷하다. 물이 뜨거워지는 정도는 들어간 총 열량이 결정하지 열이 어디서 나오는가는 중요하지 않다.

❖ 학술적으로는 생명체에서 중요한 유전자(DNA) 분자를 직접 구성하는 원자가 내는 매우 낮은 에너지의 전자 방사선은 그 에너지의 많은 부분을 DNA분자에 전달할 수 있기 때문에 평균적 에너지 전달량에 비해 상대적으로 생물학적 영향이 클 것으로 평가한다.

그러나 이렇게 DNA분자에 직접 결합되는 원자 수는 체내로 들어간 방사성핵종 원자 수의 작은 비율이다. 외부피폭에서도 체내로 입사한 방사선은 결국 수많은 전자의 에너지로 변환되어 흡수되는데 이들 전자가 조직내에서 무작위로 이동하다보면 일부 에너지는 DNA에 직접 전달하게 된다. 이런 현상을 고려하면 DNA를 구성하는 일부 핵종에 의한 내부피폭의 생물학적 영향이 상대적으로 큰 경우가 있더라도 그 정도는 기껏 수 배 이내이지 수백 배가 될 수는 없다.

물질의 화학적 독성은 별개 문제이다

❖ 방사성핵종이 체내로 들어가면 방사선피폭 외에 그 물질 자체의 독성이 문제될 수는 있지만 이것은 독성 문제이지 방사선피폭 문제는 아니다. 화학적 독성과 방사선학적 영향이 상승작용을 하면 피해가 더 커질 수 있다고 이의를 제기할 수는 있다. 그러나 극단적으로 반감기가 긴 핵종이 아니라면 사람이 섭취하는 방사성핵종의 양은 극히 미량이기 때문에 화학적 독성이 유의한 수준이 되는 경우는 드물다.

예를 들어 알파 방사선을 내는 폴로늄-210이 조직 1 kg 당 백만 베크렐 들어 있으면 치사할 정도의 선량을 받게 되지만 그 화학적 농도는 kg 당 0.000006밀리그램 밖에 되지 않아 독성을 미칠 정도는 아니다.

이에 비해 반감기가 극단적으로 긴 우라늄-238이 체내에 오염된 경우에는 방사선피폭은 낮은 수준에서도 화학적 독성에 의해 신장장애를 겪을 수 있다. 이때는 화학적 독성이 영향을 지배하기 때문에 낮은 수준 방사선량의 상승작용 효과를 기대하기 어렵다.

요약

외부피폭이든 내부피폭이든 방사선이 인체에 미치는 영향의 정도는 노출된 방사선량의 크기의 문제이지 방사선을 내는 선원의 위치가 어디인가 문제는 아니다. 방사선량이 같다면 영향도 같다고 본다. 체내로 들어간 방사성핵종의 화학적 독성으로 인한 영향은 방사선 영향과는 별개 문제이다.

QUESTION 41...

내부피폭에서는 특정 장기가 집중적으로 피폭할 수 있다던데?

핵종과 화학적 형태에 따라 선량이 특정 조직이나 장기에 편중하기도 한다

❖ 칼슘이 뼈에 몰리듯이 체내로 들어간 물질은 핵종이나 화학적 형태에 따라 생리적으로 친화성이 있는 조직이 있을 수 있다. 특정 조직에 방사능이 많이 몰린다면 그 조직은 상대적으로 많은 방사선량을 받는다. 즉, 체내 조직 사이에 방사선량이 불균형적으로 분포할 수 있다. 예를 들어 방사성옥소를 섭취한 경우 갑상선은 다른 조직에 비해 수십 배의 선량을 받는다. 이와는 달리 삼중수소나 칼륨, 세슘과 같은 핵종들은 전신에 비교적 고르게 분포한다.

정도의 차이는 있지만 외부피폭에서도 조직간 선량은 차이가 있다. 가령 투과력이 높지 않은 방사선이 몸의 앞에서 뒤쪽 방향으로 입사하면 앞쪽에 있는 유방, 폐, 간 등은 더 높은 선량을 받고 뒤쪽에 있는 신장은 인체 자체의 차폐효과 때문에 낮은 선량을 받는다.

❖ 인체 내에서 특히, 내부피폭의 경우 조직간 선량이 불균일한 특성을 반영하기 위한 장치가 '유효선량' 개념이다. 유효선량이란 각 조직

이나 장기가 받은 등가선량에 그 조직의 상대적 위해도를 가중하여 전신에 평균한 선량이다. 방사선에 피폭한 사람의 전신 위험은 결국 각 조직의 위험을 합한 것이기 때문에 이렇게 산출한 유효선량은 그 사람의 총 위험에 대한 지표가 된다.

어떤 핵종이 어떤 조직에 집중되는가?

❖ 옥소는 전신 존재량의 30% 정도가 목 앞에 있는 20 g 정도의 작은 조직인 갑상선에 몰린다. 따라서 갑상선 선량이 다른 조직 선량보다 월등하여 방사성옥소를 다량 섭취한 경우에는 단기적으로는 갑상선 염증을, 장기적으로는 갑상선암을 초래할 수 있다. 역으로 발견된 갑상선암을 치료할 때도 방사성옥소를 이용한다.

스트론튬의 경우 칼슘과 성질이 유사하다. 섭취 직후에는 배출 속도가 높아 섭취 10일 후에는 10% 정도만 체내에 남는다. 이후에는 배설률이 다소 낮아지지만 약 200일 후에는 99%가 배출된다. 그 동안 뼈 표면에 집중되기 때문에 방사성스트론튬을 섭취하면 뼈가 중점적으로 피폭한다.

세슘은 칼륨과 화학적 성질이 비슷해 근육에 골고루 분포하고, 생물학적 반감기[10)]는 110일 정도이다. 즉, 섭취 후 1년이면 거의 배설된다.

삼중수소는 주로 물 형태로 존재하므로 인체에서 대사는 물과 같다. 전신에 거의 균일하게 분포하며 생물학적 반감기는 10일 정도로서 신속히 교체된다.

10) 신체 내부로 들어온 물질 총량의 절반이 신진대사 작용에 의해 신체 밖으로 배설되는 데에 걸리는 기간이다. 체내의 방사능은 물리적 붕괴와 생물학적 배설의 복합작용에 따라 감소한다.

제논이나 크립톤과 같은 불활성기체는 물에 녹지 않아 호흡을 통해 폐로 들어오더라도 흡수되지 못하고 숨을 내 쉴 때 빠져나간다.

요약

방사성핵종에 따라 특정 장기나 조직에 분포하여 집중적으로 선량을 주는 경우도 있다. 이러한 불균형 피폭의 영향은 유효선량 개념을 도입함으로써 피폭관리에 반영된다.

QUESTION 42...

방사능은 몸속에 계속 축적되니 낮은 농도도 위험하지 않은가?

우리 몸은 섭취된 물질을 배설한다

❖ 방사성핵종을 지속적으로 섭취하면 체내에 어느 정도 누적되는 것은 분명하다. 그러나 체내에 들어간 방사능은 자연 붕괴하거나 신진대사로 배설되기 때문에 일정량 방사능을 매일 섭취할 경우 체내에 누적되는 정도는 한계가 있다. 예를 들어 매일 100 베크렐의 세슘-137을 1,000일(약 3년) 동안 섭취할 경우 체내 누적 방사능이 100 베크렐/일 ×1,000일 = 10만 베크렐이 되는 것이 아니라 16,000 베크렐 미만에서 포화된다. 일일 섭취율이 10 베크렐로 낮으면 그만큼 포화되는 수준도 비례하여 낮아진다.

• 바닥에 구멍 뚫린 양동이에 이슬비가 아무리 오래 내려도 물이 차지 않는 것과 마찬가지다.

• 일반인이 방사능을 지속적으로 섭취하는 경우는 오염지역에 거주하는 경우이며 그 밖의 경우는 일시적이거나 간헐적으로 섭취하는 것이 보통이다. 이러한 단발성 섭취에서는 섭취 후 체내 방사능은 시간에 따라 감소한다. 세슘-137의 물리적 반감기는 30년이나 되지만 체내 세슘은 1년 남짓이면 거의 배설된다.

❖ 나아가 체내로 섭취되는 방사능의 위해를 평가할 때는 일단 섭취된 방사능이 붕괴나 신진대사를 통한 배설로 소멸할 때까지 주는 생애 피폭량(이를 '예탁선량'이라 부른다)을 근거로 한다. 이 때문에 체내 누적효과는 피폭량 평가에 본질적으로 반영되므로 결국 위험평가에도 축적효과가 반영된다.

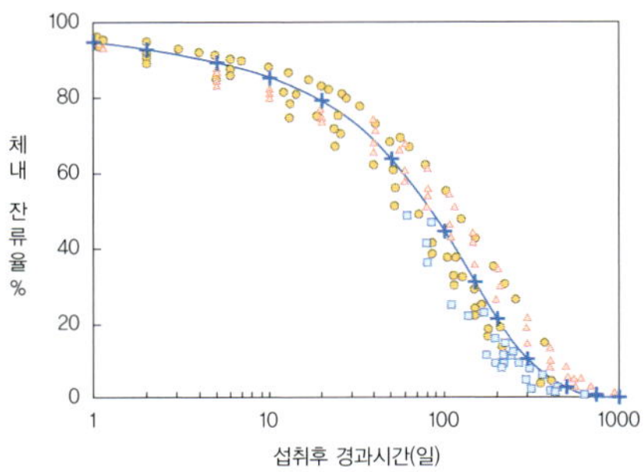

그림 27. 세슘-137 섭취 후 시간경과에 따른 체내 잔류비율. 섭취 후 1년 정도 지나면 거의 배설된다.

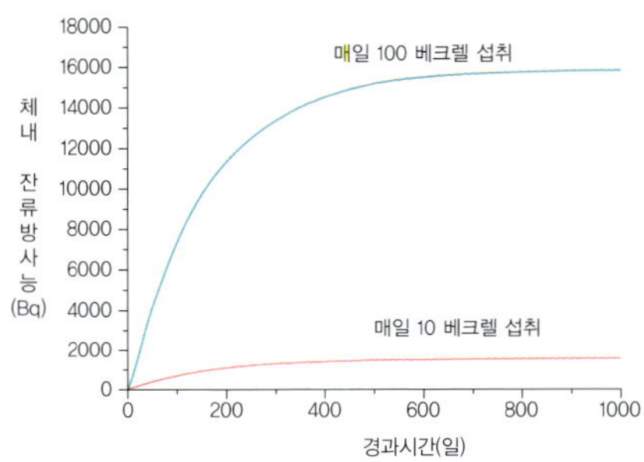

그림 28. 매일 일정양의 세슘-137을 섭취할 경우 체내 누적 방사능 시간변화.

요약

방사성핵종을 지속적으로 섭취하더라도 체내 방사능이 무한정 증가하지는 않고 일정 수준에서 포화된다. 체내 방사능으로 인한 피폭은 섭취 후 생애 선량을 기준으로 관리하므로 지속적으로 섭취하여 누적되는 효과도 모두 반영된다. 즉, 지속적으로 섭취하더라도 평가된 선량이 낮으면 안전하다.

QUESTION 43...

미역이나 다시마가 방사선방호 효과가 있는가?

옥소제제는 방사성옥소 피폭만 방호한다

❖ 후쿠시마 사고 당시 미역이나 다시마가 방사선방호 효과가 있다는 소문이 돌아 시장에서 품귀현상을 보이기도 했다. 약국에서 옥소제제를 찾는 사람들도 있었다. 원전 비상계획에서 사고시 다량으로 방출되는 방사성옥소에 의한 갑상선 피폭을 줄이기 위해 안정옥소제제(예: 옥화칼륨)를 준비하고 있는 내용 때문에 이런 반응이 일어난 것으로 이해된다. 방호 원리는 체내에 방사성이 아닌 옥소가 과포화 상태로 있으면 방사성옥소로 오염된 공기를 흡입할 때 폐에서 흡수가 크게 감소하는 것이다. 그래서 원전이나 인근 지역에는 유사시 발전소 직원이나 주민이 복용할 수 있는 옥소제제를 비치하고 있다.

옥소제제(속칭 갑상선보호제)는 방사성옥소에 의한 내부피폭에만 효력이 있다. 외부피폭이나 다른 방사성핵종의 내부피폭에 대해서는 방호효과가 없다.

❖ 옥소제제(옥화칼륨)의 부작용은 경미한 것으로 알려져 있지만 이 또한 엄연한 약품이다. 즉, 불필요하게 복용하면 이득 없이 부작용 우

려만 키운다. 따라서 비상계획에도 옥소제제 복용 지시는 방사성옥소로 인한 예상 갑상선 등가선량이 최소한 50 밀리시버트를 넘을 때로 한정하고 있다. 선량이 이 보다 낮을 때 복용하면 방호효과로 얻는 이득보다 부작용 부담이 더 클 수 있다. 옥화칼륨은 하루에 성인은 130 mg, 임신여성이나 아동은 50 mg, 3세 미만 소아는 25 mg으로 2~3일 동안만 복용하도록 하고 있다.

다시마의 갑상선 방호효과는 기대할 수 있으나 검증이 필요하다

❖ 건조 다시마에는 100 g 당 약 130 mg의 옥소가 함유되어 있다. 위장에서 흡수율이 옥소제제와 같다고 가정하면 옥소제제 1회분 복용 대신에 다시마 100 g을 먹는 것으로 대체할 수 있어 보인다. 옥소제제는 방사성옥소에 노출되기 6시간 전에 복용을 권고하고 있는데 다시마의 경우 장에서 흡수속도가 늦을 것이 예상되므로 더 일찍 먹어야 하는 문제는 있다. 그러나 다시마에 들어 있는 옥소의 화학형이나 조리방식에 따라 장에서 흡수되는 분율이나 흡수속도 등에 대해서는 밝혀진 자료가 없어 연구가 필요한 분야이다.

정제를 복용하는 대신 다시마를 취식하더라도 과량은 부작용 우려를 동반한다. 다시마도 권장 취식량은 1일 10 g 정도이므로 불필요하게 과량으로 취식하는 것은 좋지 않다. 미역은 다시마에 비해 옥소 함량이 1/10 수준이므로 효과를 기대하기 어려워 보인다. 다시 강조하지만 갑상선보호제든 다시마든 방사성옥소에 의한 내부피폭만 방호하는 효과가 있을 뿐이다.

표 7. 음식 및 약에 들어 있는 옥소 함량.

식품 또는 약품명	100 g 당 옥소 함량(mg)
소고기 달걀(1개) 우유	0.03 개 당 0.01-0.02 0.02
김 미역 다시마	3.8 11.6 136
비타민 아미오다론(약)	0.15 정 당 75

요약

다시마가 방사선방호 효과가 있다는 소문은 옥소 함량이 높기 때문이다. 건조 다시마 100 g에는 갑상선보호제로 불리는 옥소제제 1회 분만큼 옥소가 들어 있다. 옥소제제는 예상 갑상선 선량이 50 밀리시버트 이상일 때만 복용이 권고된다. 옥소제제든 다시마든 방사성옥소에 의한 갑상선피폭에만 방호효과가 있고 외부피폭이나 다른 핵종에 의한 내부피폭은 방호하지 못한다.

QUESTION 44 ...

삼겹살에 맥주가 방사선 피해를 줄이나?

삼겹살이 방사선을 해독한다?

❖ 돼지고기를 많이 먹으면 체내의 중금속 해독에 도움이 된다는 속설이 와전된 것으로 삼겹살이 방사선피해를 줄인다는 근거는 없다. 더구나 삼겹살이 중금속을 해독하는지에 대한 근거도 명확하지 않다.

맥주를 마시면 체내 방사능이 배출된다?

❖ 물을 많이 마셔 체내 수분 교체율을 높이면 체내 이물질의 배뇨 속도를 향상시킬 수 있다. 맹물을 1,000 ml 마시기는 거북해도 술을 하는 사람이라면 맥주 1,000 ml 마시기는 어렵지 않다. 나아가 알코올은 이뇨작용이 있어 소변 배출을 촉진한다.

특히 방사성핵종의 하나인 삼중수소는 대개 물 형태로 체내로 들어가므로 삼중수소 내부피폭이 있는 경우 물이나 맥주를 다량 섭취하면 체내의 삼중소수 배출을 촉진하여 내부피폭을 쉽게 줄일 수 있다. 이런 이유로 삼중소수 노출이 잦은 월성원전(중수로형 원자로) 종사자들이 삼중수소 오염이 있는 장소에서 작업한 날 저녁에 삼겹살 구이에 맥주를 마시는 일들이 많았다고 한다. 이 관행 때문에 맥주에 삼겹살이 일반적으로 방사선 방호에 도움이 되는 것으로 와전된 것으로 보인다. 맥주가 아니라 물만 많이 마셔도 삼중수소 내부피폭은 효과적으로 줄일 수 있다.

방사능 피해를 줄이는 다른 방법은 없나?

❖ 삼중수소가 아닌 다른 방사성핵종의 대사를 촉진하기 위해서는 핵종에 적합한 약품을 투여하면 효과를 볼 수 있다. 예를 들면 프러시안블루, DTPA 등이다. 그러나 약품을 투여하는 것이므로 의사의 처방에 따라야 하며 부작용도 있기 때문에 소량의 방사선량을 줄이기 위해 그런 부작용 위험을 무릅쓸 이유는 없다. 사고로 심각한 수준으로 체내에 방사능이 오염된 경우에만 의사의 처방에 따라 그런 약품을 투여한다.

❖ 같은 방사선피폭을 받더라도 신체의 리듬이 활발하면 면역기능이 높아진다. 따라서 비타민, 미네랄, 양질의 단백질을 충분히 섭취하면 방사선에 의한 DNA 손상을 회복하는 데 약간의 도움은 된다.

요약

물을 많이 마시면 체내 오염의 배출을 촉진하여 내부피폭을 줄이는 효과를 볼 수 있다. 특히 삼중수소 내부피폭에는 효과가 크다. 물보다는 맥주를 마시는 것이 흥겹겠지만 과음하면 득보다 실이 클 수도 있다. 삼겹살은 맥주를 마시는 방편일 뿐 자체는 방호효과와는 무관하다.

QUESTION 45...

후쿠시마 사고 당시 우리나라에 방사선 영향이 실제 없었나?

후쿠시마에서 온 방사능 농도는 본래 있던 방사능의 1/1000~1/100에 불과

❖ 사고 후 우리나라에서 측정된 후쿠시마 기원 방사능 최대값은 공기 1 m^3 당 독성이 낮은 제논-133은 1 베크렐, 세슘이나 옥소는 0.001~0.003 베크렐에 불과했다. 빗물의 세슘이나 옥소 방사능은 리터당 2~3 베크렐이었다.

표 8. 사고 당시 국내 환경에서 관측된 후쿠시마 방사능 최대 농도.

시료		핵종	지역	채취일자 (2011년)	최대농도*
공기	부유진	옥소-131	군산	4월5일	0.0031 Bq/m^3
		세슘-134	부산	4월6일	0.0012 Bq/m^3
		세슘-137	부산	4월6일	0.0013 Bq/m^3
	기체	제논-133	강원	4월5일	0.93 Bq/m^3
빗물		옥소-131	제주	4월6일	2.8 Bq/L
		세슘-134	제주	4월10일	1.7 Bq/L
		세슘-137	제주	4월10일	2.0 Bq/L

* Bq(베크렐): 방사능의 기본단위

❖ 이에 비해 공기나 빗물 중에는 일상적으로 천연 방사성핵종이 다음과 같이 존재한다.

- 야외 공기 중 라돈 농도
  - 라돈 가스 농도 : 20 베크렐/m^3 내외(2000~2001년 원자력안전기술원 조사결과 전국 평균 23.3±13.3 베크렐/m^3. 계절과 기상상태에 따라 변동).
  - 라돈 자손핵종(폴로늄, 비트무스 등) 농도: 각각 5 베크렐/m^3 수준.
  - 즉, 후쿠시마에서 우리나라로 날아온 방사능은 늘 존재하는 방사능의 1/1000 수준에 지나지 않았다(반감기가 짧고 인체에 흡수되지 않는 불활성기체인 제논-133은 1/40 수준에 불과).

- 일상 빗물 방사능 농도(공기 중 천연방사성핵종인 라돈 자손이나 베릴륨이 빗물에 씻겨 내림)
  - 라돈 자손핵종 농도: 수십-수백 베크렐/L(때로는 수천 베크렐 이상도 관측)
  - 베릴륨-7 농도 : 0.1-3 베크렐/L
  - 즉, 일상 빗물 중 방사능 농도가 후쿠시마 기원 방사능의 수십배 수준이다.

❖ 사고 이전인 2010년과 사고 발생 해인 2011년 전국 방사능측정소에서 관측된 평균 공기부유진 방사능(단수명 라돈자손 제외)과 지표토양 세슘-137 방사능 추이를 비교한 결과 모두 후쿠시마 사고 전후에 유의한 차이가 없다.

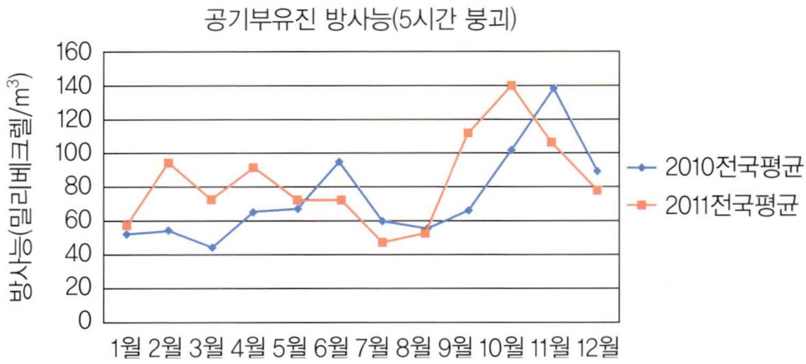

그림 29. 공기부유진 중 총 방사능 월별 변화.

(전국 측정소 평균. 단위는 공기 1 m^3 당 밀리베크렐, 라돈자손처럼 단수명 핵종은 제외) 후쿠시마 사고 전인 2010년과 2011년 측정값에 유의한 차이가 없다.

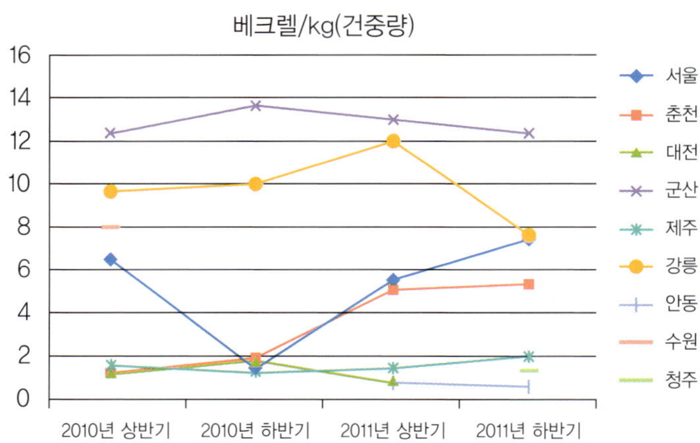

그림 30. 지표 토양 중 세슘-137 농도.

시료 채취장소의 토지 교란 차이 때문에 측정소별로 차이는 있으나 2010년에 비해 2011년 값의 증가는 보이지 않는다.

요약

후쿠시마 원전으로부터 검출할 수 있는 수준의 방사능이 우리나라에 날아왔지만 그 양은 환경에 늘 존재하는 천연방사능의 1/100 미만 수준이어서 그로 인한 방사선 영향은 미미하다.

QUESTION 46...

후쿠시마 원전에서 방사능 오염수가 계속 바다로 흘러든다는데...

원전사고 당시 방출된 양과는 비교할 수준 못 된다

❖ 2013년 7월 일본 정부가 후쿠시마에서 방사능에 오염된 지하수가 매일 400톤 정도 바다로 들어가고 있음을 인정했다. 그 여파로 국내에서 일본산은 물론 국내산 생선까지 6개월 이상 판매가 심각하게 줄었다. 바닷물로 방사능 유입은 지표 오염이 빗물에 씻겨 흘러드는 것과 지하수를 따라 들어가는 것이 있다, 지하수 오염은 지표오염이 스며드는 것도 있지만 주로 사고 원자로시설 지하 공간에 있는 높은 농도 오염수 일부가 유입되는 것이다,

그러나 이렇게 바다로 들어가는 방사능은 연간 1조 베크렐 수준으로서 2011년 사고 당시 바다로 들어갔을 것으로 평가하는 세슘 방사능 약 1경 베크렐의 0.01% 정도에 지나지 않는다. 게다가 2013년에 유입되는 방사능은 대부분 방사선 위해도가 낮은 트리튬이며 세슘 방사능은 작은 비율에 불과하다.

2014년 2월 후쿠시마 원전에서 50 km 떨어진 해역에서 감시한 해수 방사능 농도는 오염수 유출과 관계지을 수 있는 증가가 없으며 사고 이전 수준과 비슷하다. 즉, 2013년 현재 바다로 유입되는 방사능은 환

경오염을 최소화해야 하는 현장 입장에서는 문제이고 과제이지만 우리나라와는 무관한 일이다.

2011년에 방출된 방사능도 우리 연안에 도달할 때는 방사능이 희석되거나 제거되어 검출 불가능한 수준이 될 것이 틀림없다.

후쿠시마 연안 해저토에 침적된 세슘 방사능이 높다던데?

❖ 2011년에 바다로 들어간 방사능이 많으므로 당연한 현상이다. 그래서 당분간은 바닥에 서식하는 광어나 게 같은 해산물에서 높은 방사능이 발견될 수 있다. 그러나 그런 해역에 대해서는 일본 정부가 수산물의 방사능을 검사하고 필요하면 조업을 금지할 것이다. 금지구역 바깥에서 잡힌 생선에 대해서도 상당기간 동안 지속적으로 방사능 감시를 수행할 것이다.

몸에 좋은 생선을 괴담 때문에 안 먹는다

❖ 후쿠시마에서 오염수 저장탱크가 누설되었다는 보도 이후 국내 생선시장 판매량도 오랫동안 저조했다. 누가 뭐라 해도 찜찜한 생선 사 먹느니 쇠고기나 돼지고기 사먹겠다는 생각 때문으로 보인다. 건강을 걱정한 이런 판단은 자유의사이지만, 합당한 근거 없이 생선 대신 비싼 쇠고기를 사 먹은 것이 국민건강에 보탬이 되었을 것으로 보이지는 않는다.

요약

사고 이후 후쿠시마 원전부지에서는 지속적으로 방사능이 바다로 유입되고 있지만 그 방사능이 많지 않아 원거리 환경영향을 우려할 수준이 아니다. 즉, 우리나라에는 영향이 없으며 국내산 생선까지 기피하는 것은 근거 없는 과잉 반응이다.

QUESTION 47...

식품 방사능 관리는 누가 하며 그 기준은?

식품의약품안전처, 해양수산부, 농림축산식품부가 식품 방사능 관리를 분담한다

❖ 식품의약품안전처(식약처)

식약처는 1986년 체르노빌 원전사고 후 동유럽 국가에서 수입되는 식품에 대해 방사능 오염을 관리해 왔다. 후쿠시마 사고에 접해서는 일본이 출하를 제한한 품목은 수입중단 조치를 취했고 기타 일본에서 수입되는 모든 농·축·수산물과 가공식품, 식품첨가물, 건강기능식품에 대하여 매 수입마다 방사능 검사를 실시했다. 2013년 9월부터는 세슘 방사능이 kg 당 1 베크렐 이상 검출될 경우 다른 핵종이 오염되지 않음을 입증하도록 요구하여 사실상 수입을 차단했다.

나아가 국내에 유통되는 농·축·수산물과 가공식품도 표본검사를 수행하고 관계부처(해수부, 농식품부) 및 시·도의 검사결과까지 취합하여 식약처 홈페이지(http://www.mfds.go.kr)에 게시하고 있다.

❖ 해양수산부(해수부)

해수부는 후쿠시마에서 태평양으로 유입된 방사능의 해류를 통한 이동과 확산을 평가하여 우리 해역에 미칠 영향을 예측하고 조사대상 품목을 정하여 관리하고 있다. 2013년도에는 연근해산 13개 품목과 원양산 4개 품목을 검사하였고, 2014년도에는 연근해산 3개 품목을 추가하였다. 검사는 국립수산물품질관리원에서 주기적으로 실시하고 있으며 검사 결과는 국립수산물품질관리원 홈페이지(http//www.nfgs.go.kr)에 공개하고 있다.

❖ 식품 방사능 관리 기준은?

일상적 상황에 적용하는 식품 방사능 기준은 식약처가 설정한다. 설정 근거는 우리가 연간 섭취하는 음식물 총량의 10%가 해당 인공 방사성핵종에 의해 오염되었다고 가정할 때 일반인 선량한도(연간 1 밀리시버트)를 넘지 않게 하는 것이다. 후쿠시마 사고 이전에는 체르노빌 사고 영향만을 겨눠 장수명핵종인 세슘 방사능 기준만 두었으나 후쿠시마 사고 직후 농식품부와 협의를 거쳐 반감기가 짧은 방사성옥소에 대한 기준을 추가했다.

기준을 내리는 것이 반드시 최선은 아니다

❖ 후쿠시마 사고 당사국이지만 국토의 좁은 면적만 오염된 일본이 기준을 내렸다고 뒤따라서 우리 기준을 낮추는 것이 반드시 옳지는 않다. 우리 원전이나 중국 원전에서 사고가 발생하여 우리 국토의 넓은 면적이 오염된 경우를 가정하면 너무 낮은 기준 때문에 식량조달에 심각한 차질을 초래할 수도 있기 때문이다. 기준을 내리기는 쉬워도 그런 사태를 맞아 다시 상향조정하려면 국민의 우려와 저항이 높을 것이 예상되기 때문이다.

따라서 관계기관과 이해당사자가 함께 식품 방사능 기준을 재검토하여 합리적인 기준체계를 정립하는 일이 필요하다.

표 9. 식품 방사능 관리 기준(2013년 9월 이후)

핵 종	대상식품	기준 (Bq/kg, L)
옥소-131	영아용 조제식, 성장기용 조제식, 영유아용 곡류 조제식, 기타 영유아식, 영유아용 특수 조제식품	100
	유 및 유가공품	100
	기타 식품*	300
세슘-137과 세슘-134의 합	모든 일본산 수입식품	100
	일본산 제외 모든 식품	370

* 기타식품은 영아용 조제식, 성장기용 조제식, 영유아용 곡류조제식, 기타 영유아식, 영유아용 특수 조제식품, 유 및 유가공품을 제외한 모든 식품을 말한다. 이는 세계보건기구(WHO)와 국제식량기구(FAO) 산하 공동위원회인 국제식품규격위원회(CODEX) 기준인 1,000 베크렐/kg보다 강화된 기준이다.

요약

식품의약품안전처는 수입 및 국내유통 식품에 대한 방사능 안전관리를 총괄하고 생산단계 수산물 및 농산물의 방사능 안전관리는 해양수산부와 농림축산식품부가 각각 담당한다. 2012년 4월 일본이 기준을 낮춤에 따라 일본에서 수입되는 식품에 대해서는 낮은 일본 기준을 적용해 왔다. 2013년 9월 이후에는 우리 기준도 낮췄다. 그러나 낮은 기준이 반드시 최선은 아니므로 재검토를 통해 합리적인 식품 방사능 관리기준을 정립할 필요가 있다.

QUESTION 48...

일본에서 수입되는 생선 먹어도 되나?

우려할 수준이 아니다

❖ 후쿠시마 사고로 환경으로 방출되어 장기간 잔류하는 주된 방사성핵종은 세슘-137이다.

세슘-137은 과거 지상핵실험 영향으로 지구상 어디나 낮은 농도로 존재하고 따라서 일상적으로 취식해온 모든 식품에도 방사성 세슘이 존재한다.

2000년대에 원자력안전기술원과 전국 12개 지방측정소 공동분석 결과, 국내 시판 고등어, 명태, 갈치 등 생선에서 높은 경우 세슘-137 방사능 농도는 kg당 0.3 베크렐 수준이었다.

❖ 후쿠시마 사고 후 같은 해 3~10월까지 일본 수산청이 조사한 일본 동북부 근해 생선 중 세슘방사능 농도는 수~수백 베크렐/kg으로 나타나 사고 전에 비해 약 1,000배 정도까지 증가가 보인다.

그러나 시간 경과에 따라 생선의 방사능은 감소하여 2013년 하반기에는 후쿠시마현 앞바다에서 잡은 생선검체에서도 기준인 100 베크렐/kg을 넘는 생선의 비율은 3% 수준으로 감소했다. 후쿠시마현 이외 지역에서는 그 비율이 0.4% 수준이다.

표 10. 2011년 북태평양 어장 생선 중 세슘 방사능(Bq/kg)

어종	2011년 월				최대(해당일)
	3-4월	5-6월	7-8월	9-10월	
대구	<1.0-13	2.4-240	<1.0-194	<1.0-42	240(6/25/11)
명태	<1.0-2.3	<1.0-5.6	<1.0-1.26	<1.0-3.9	5.6(5/15/11)
우럭	2.2-48.3	9.3-138	8.2-91	<1.0-670	670(9/15/11)
고등어	<1.0-40	<1.0-250	<1.0-270	<1.0-176	270(7/06/11)
멸치	<1.0-170	6.7-91	<1.0-144	1.23-5.2	144(8/05/11)
정어리	<1.0-41	<1.0-22.3	6.8-40	1.1-15.9	40(7/16/11)
참치	<1.0-33	<1.0-10.1	<1.0-20.7	<1.0-41	41(10/03/11)

* 시판되는 생선이 아니라 조사목적으로 채취한 시료 분석결과임. 새로운 자료는 계속 http://www.jfa.maff.go.jp/j/kakou/kensa/index.html에 게시됨. (자료: 일본 수산청)

❖ 나아가 우리 정부는 일본에서 수입되는 모든 수산물에 대해 수입 건마다 방사능 검사를 실시하는데 2013년에는 방사능이 검출되는 비율(kg 당 0.7 베크렐 이상)이 0.05% 수준이고 검출된 방사능 범위도

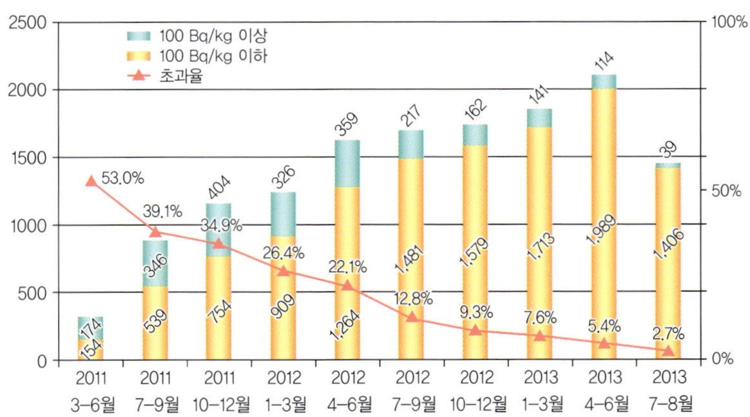

그림 31. 후쿠시마현에서 채취한 생선검체의 방사능 준위의 시간경과에 따른 변화.

0.86~9.8 베크렐/kg으로서 기준의 1/10 이하이다. 다시 말해서 더 이상 생선 방사능에 대해 걱정할 일이 아니다.

표 11. 후쿠시마 사고 이후 일본산 수입 수산물 검역실적 및 방사능 검출 동향.

연도	수입건수	수입량(톤)	방사능 검출건수 (비율)	방사능 범위 (베크렐/kg)
2011	4,155	16,296	21(0.13)	0.42~98
2012	4,835	23,233	101(0.43%)	0.33~25
2013 (8월까지)*	4,271	16,841	9(0.05)	0.86~9.8

* 9월 이후는 세슘 방사능이 검출되면 다른 핵종 오염이 없음을 입증하도록 요구함으로써 오염 수산물은 사실상 수입이 차단됨.(자료: 식품의약품안전처)

❖ 새 기준치인 100 베크렐/kg인 생선을 연간 13 kg(우리국민 평균 생선 섭취량) 섭취한다면 이로 인한 선량은 0.017 밀리시버트이다(연간 섭취량 1,300 베크렐에 세슘-137의 선량계수 1.3×10^{-5} 밀리시버트/베크렐을 곱하여 계산). 이 선량은 우리나라 평균 자연방사선 피폭의 0.5% 정도에 지나지 않아 방사선량으로 의미 없는 수준이다.

기준치가 이렇게 낮게 정해져 있는 것은 여러 식품(곡류, 채소 등 포함)이 같은 수준으로 오염된 경우에 연간 1 밀리시버트 이하를 피폭하는 것에 근거를 두고 산출했기 때문이다.

요약

기준치에 육박하는 생선을 1년 동안 먹더라도 그로 인한 피폭량은 무시할 수준으로 낮다. 후쿠시마 사고 후 3년이 지나면서 환경 중 방사능 농도는 많이 감소했다. 그 결과 일본산 생선만 먹더라도 세슘 방사능이 검출될 수 있는 생선을 먹을 기회는 0.05%이며 그나마 기준의 1/10 미만이다. 생선의 방사능, 수입이든 국내산이든 더 이상 걱정할 일 아니다.

QUESTION 49...

한 때 냉장대구에서 세슘 방사능이 킬로그램 당 100 베크렐이나 측정된 적도 있지 않는가?

생선에서 방사능이 발견되었다고 무조건 놀랄 일은 아니다.

❖ 농림수산식품부가 2011년 7월 13일에 검사한 냉장대구에서 세슘 방사능이 97.9 베크렐/kg이 검출된 바 있다. 우리 원양어선이 대구잡이를 하는 북태평양 서해역은 방사능을 함유한 후쿠시마 해류의 영향권이므로 2011년 당시 어획한 대구에서는 이런 정도 방사능이 발견될 수 있었다. 그러나 100 베크렐/kg은 당시 기준이었던 370 베크렐/kg보다 낮고 이후 강화된 새 기준과 같은 수준으로서 놀랄 정도는 아니다.

본래 수산물에는 후쿠시마 방사능이 아니더라도 여러 종류의 천연 방사능이 상당히 함유되어 있다. 가장 흔한 칼륨-40은 물론이고 알파 방사선을 내기 때문에 세슘보다 선량계수가 100배 이상인 폴로늄-210(천연핵종)도 수십 베크렐/kg까지 들어 있다. 예를 들어 홍합의 폴로늄-210 농도는 40 베크렐/kg 내외인데 이를 세슘 방사능으로 환산하면 4000 베크렐/kg이 되는 셈이다.

후쿠시마 사고 이전 홍합 먹으면서 방사능 걱정했던가?

❖ 세슘 방사능을 100 베크렐/kg 정도 함유한 생선을 일상처럼 먹더

라도 이로 인한 연간 방사선량은 0.017 밀리시버트 정도에 불과하다. 우리나라에서도 어느 지역에 어떤 집에 사느냐에 따라 자연방사선 피폭량이 연간 2~3 밀리시버트는 차이난다. 이 선량 차이만큼 생선을 먹자면 세슘 방사능이 100 베크렐/kg의 200배 즉, 2만 베크렐/kg인 생선을 일상처럼 먹어야 한다. 실상이 이렇기 때문에 세슘으로 보면 4,000 베크렐/kg에 해당하는 홍합을 먹는 것을 정부가 막지 않는다. 100 베크렐/kg 대구를 놓고 놀란다면 홍합은 못 먹는 조개가 되고도 남는다.

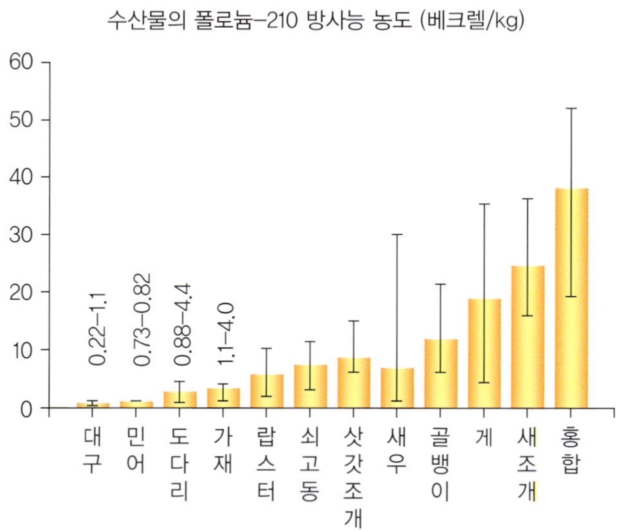

그림 32. 수산물의 폴로늄-210(천연핵종) 방사능 농도.
100을 곱하면 대등한 세슘 방사능 농도가 된다. (자료: 영국)

요약

후쿠시마에서 해양으로 방출된 방사능의 영향을 직접 받은 북태평양에서 잡은 생선에서는 세슘–137 방사능이 사고 전에 비해 100배 정도 높은 것도 발견되었다. 그러나 이런 생선을 먹으면 위험할 것으로 보는 것은 오해이다. 천연 방사능이 이보다 수십 배에 해당하는 홍합도 우리는 맛있게 먹고 있다. 우리가 일상으로 먹는 음식에도 방사능은 늘 있어 왔다.

QUESTION 50...

일본에서 수입되는 식품을 검사한다지만 모두 검사하는 것이 아니니 오염된 것이 수입될 수 있지 않나?

오염 식품이 통관될 가능성은 있다. 그러나...

❖ 수입식품 검사는 매 수입건마다 일부 표본을 채취하여 방사능을 검사하므로 원론적으로 보면 방사능 오염식품이 들어 있는 상자가 표본으로 선발되지 않으면 발견되지 않을 수 있다. 그러나 일반적으로 한 수입건의 식품은 동일 공급자 상품이므로 표본검사에서 방사능이 없다면 검사하지 않은 상자의 식품에 방사능이 있을 가능성이 낮다.

❖ 우리의 수입 검역에 앞서, 일본 당국에서 식품의 방사능 오염 우려가 높은 지역에 대해서는 생산 자체를 제한하고 있으며, 오염 우려가 있는 지역에서 생산되는 식품에 대해서는 매 포장마다 방사능 검사를 실시하여 기준을 넘는 것은 출하를 통제하고 있다.

❖ 우리나라 검사에서 방사능 오염 식품이 종종 발견된다면 오염식품이 발견되지 않고 유통될 기회를 의심할 수 있겠지만, 후쿠시마 사고 후 1년간 식약청과 농림수산식품부가 검사한 27,000여 건에서 부적합한 방사능을 함유한 식품은 한 건도 없었다.

❖ 참고로 일본 후쿠시마현에서 식품 방사능이 기준치를 넘어 발견되는 비율도 3.5% 정도이다. 이웃 현들에서는 녹차, 표고, 시금치를 제외하고는 거의 없었다. 오염이 빈번한 녹차, 표고, 시금치는 일본산이 우리나라에 수입되는 일이 거의 없다.

표 12. 후쿠시마 사고 이후 식품 검사 수 및 기준초과 발견 비율.

현명	검사수	기준초과수	비율(%)	주요 오염식품
후쿠시마	19800	683	3.5	죽순, 시금치, 표고, 브로콜리, 가오리, 쥐치, 우유, 멧돼지, 쇠고기 등
이바라키	11655	85	0.73	시금치, 파슬리, 표고
도치기	9672	75	0.78	표고, 시금치, 양미리, 멧돼지, 쇠고기
군마	10127	26	0.55	표고, 빙어
사이타마	3320	127	3.8	녹차
지바	2988	32	1.1	녹차
도쿄	468	7	1.5	녹차
가나가와	928	21	2.3	녹차, 표고
미야기	12535	61	0.49	쇠고기, 표고
이와테	7780	30	0.39	쇠고기, 표고

* 일본 후생노동성, 2012년 2월까지

우발적으로 통관된 오염식품을 먹더라도 유의한 위험은 없다

❖ 일본의 반출 통제체계와 우리나라의 검역체계를 벗어난 오염식품이 내 집 식탁에 오를 수 있는 기회는 매우 낮다. 지역에 따라 관리되는 농축산물은 특히 그럴 가능성이 낮다. 바다에서 돌아다니는 생선의 경

우는 오염생선이 섞일 가능성은 있지만 우발적이므로 특정 개인이 계속 오염 생선을 취식하는 경우는 생각되지 않는다. 더욱이 후쿠시마 근해에서 잡히는 생선도 기준을 넘는 비율이 낮으며 방사능 수준도 수백 베크렐/kg 정도에 머무른다. 예를 들어 세슘 방사능이 1,000 베크렐/kg인 생선 1kg을 우발적으로 먹어 받는 방사선량은 약 0.01 밀리시버트인데 이는 하루에 받는 자연방사선 수준에 불과하다.

요약

오염식품이 일본과 우리나라의 오염식품 관리체계를 우회하여 가정의 식탁에 오를 기회는 매우 작다. 우연히 그런 오염식품을 수회 섭취하더라도 그로인한 피폭량은 사소하여 위험을 논의할 수준이 못된다.

QUESTION 51 ...

후쿠시마 오염지역은 사람이 살 수 없는 땅인가?

일본 후쿠시마는 구소련 체르노빌과는 다르다

❖ 체르노빌 인근 반경 30 km 이내 지역은 사고 후 25년이 지나도 '금지구역'으로서 일반 주민의 거주는 승인하지 않고 있다. 그렇다고 아직도 그 지역이 사람이 살 수 없는 땅이라는 의미는 아니다. 사고 후 몇 년 동안 진행된 정화작업 이후에는 대부분 지역의 방사선준위는 크게 낮아졌다. 실제로 피해복구 종사자나 연구자들은 사고 수년 후부터 주민이 소개된 체르노빌읍에서 기거하며 종사했다.

일반 시민의 주거를 지금까지 제한하는 이유는 직장과 같은 사회기반이 없기 때문이다. 방사능 오염지역이라는 낙인 때문에 지역의 주된 산업인 농업과 임업 경쟁력이 없다.

무엇보다 우크라이나나 벨라루스는 인구에 비해 국토가 넓기 때문에 굳이 오염지역을 조기에 재건해야 할 필요를 느끼지 않는 것이 금지구역이 장기간 유지되는 이유이다.

❖ 후쿠시마현에서 주민이 거주할 경우 예상 연간 선량이 5 밀리시버트를 초과할 것으로 보이는 지역은 약 1,800 km²이다. 일본 당국은

첫 1년 선량 수준에 따라 다음과 같이 3등급으로 구분하여 복구계획을 추진하고 있다.

① 조기 재건 지역 : 20 밀리시버트 미만

② 당분간 거주제한구역 : 20~50 밀리시버트

③ 귀환곤란지역 : 50 밀리시버트 초과

귀환곤란지역이란 이를 포기한다는 의미가 아니라 제염을 통해 예상선량을 20 밀리시버트 이하로 낮추는 사업을 중점 추진할 구역을 의미한다.

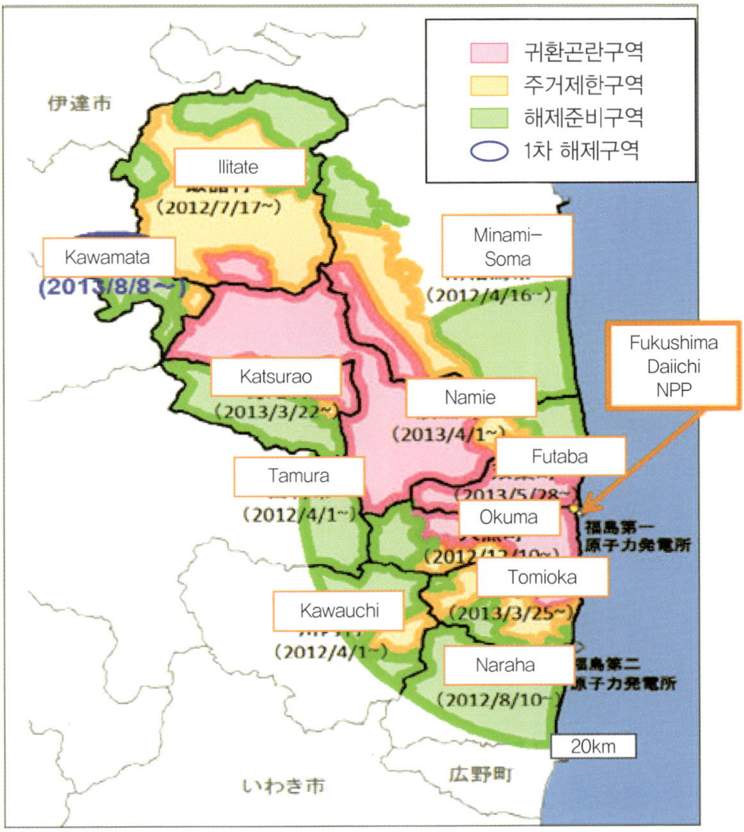

그림 33. 후쿠시마 오염지역 관리계획 현황(2014년 봄 기준).

위 선량 기준으로 다년간 피폭한다면 적지 않은 선량이 되지만 시간경과에 따라 자연 감소가 이루어지므로 실제 선량은 우려할 정도로 높지는 않다.

❖ 일본은 체르노빌 지역과는 토지의 가치가 다르다. 따라서 일본 정부는 제염과 피폭을 줄이는 생활방식의 적용을 통해 가능한 빠른 시간에 사회를 재건하는 것을 목표로 하고 있다. 십여 년이 지나면 대부분 귀환곤란지역에도 사회재건이 이루어질 것으로 예상한다.

요약

잔류오염 수준에 따라 사회가 재건되는 시점은 다르겠지만, 일본에서 토지 가치는 체르노빌 지역과는 달라서 비교적 빠른 기간에 사회재건이 이루어질 것으로 보인다.

QUESTION 52...

후쿠시마 사고로 몇 사람이나 사망할 것인가?

방사선피폭으로 인한 사망자는 확인되지 않을 것이다

❖ 사고 후 1년 동안 사고 확대방지나 수습을 위해 투입된 긴급작업자 중 연간 최대 개인선량한도(50 밀리시버트)를 초과한 작업자는 935명이며 이 중 100 밀리시버트를 넘는 사람은 173명이고, 몇 명은 500 밀리시버트 안팎(최고 680 밀리시버트)까지 피폭했다.

최고 선량인 급성피폭 약 700 밀리시버트는 일시적 혈액상의 변화를 초래할 수는 있지만 직접 치명적인 손상을 초래하는 문턱선량(후속 가료가 있는 경우 약 2,000 밀리시버트)의 1/3 수준이므로 체르노빌 사고와 같은 급성 방사선사망자 발생은 예상되지 않는다.

발목까지 차는 방사능 농도가 높은 물(mL당 4백만 베크렐)에 들어가 발 피부에 최대 6천 밀리시버트를 피폭한 것으로 평가된 수 명의 긴급작업자가 있지만 발에 홍반을 일으킬 정도이다. 이들의 전신선량은 200 밀리시버트 이하로서 생명을 위협할 수준은 아니다.

❖ 기타 사고대응이나 후속 복구작업 종사자 수는 매우 많지만 일상 방사선작업종사자처럼 피폭을 관리하므로 연간 50 밀리시버트 이내로 피폭이 관리된다. 따라서 급성 방사선 사망위험은 없다.

표 13. 사고 후 1년간 선량한도를 초과하여 피폭한 종사자 수. (자료:동경전력)

선량(밀리시버트)	동경전력 직원	협력업체 직원	계
250 이상	6	0	6
200-250	1	2	3
150-200	24	2	26
100-150	118	20	138
75-100	179	64	243
50-75	263	256	519
계	591	344	935

사고 후 3년간 원전 부지내 작업에 투입된 종사자 수는 3만 5천여 명에 이르고 이들이 받은 총 선량은 약 4십만 밀리시버트이다. 여기에 방사선피폭으로 인한 명목 암위험계수 100 밀리시버트 당 0.4%를 적용하면 16명 정도 추가 암사망자가 발생할 것으로 평가할 수 있다. 그러나 이들 집단에서 예상되는 기본적 암 사망자가 6,000여 명이나 되므로 그 16명 증가를 통계적으로 확인할 수는 없다.

❖ 일반인 외부피폭은 설문조사를 통해 사고 당시 위치와 행동을 파악하고 방사능 방출 및 거동을 시뮬레이션한 결과와 결합하여 사고기간 중에 피폭했을 것으로 보는 선량을 평가하였다. 평가결과는 38만여 명의 응답자 집단의 대부분이 3 밀리시버트 미만으로 나타났으며 10 밀리시버트 내외를 피폭했을 것으로 평가된 사람은 500명 정도이다. 약 1만 명에 대해 실시한 전신계측을 통한 내부피폭 평가결과는 대부분 1 밀리시버트 미만이었고, 10여 명만 2~3 밀리시버트를 피폭한 것으로 나타났다.

10 밀리시버트 내외의 낮은 선량 피폭자에 대해 향후 암 사망 위험을

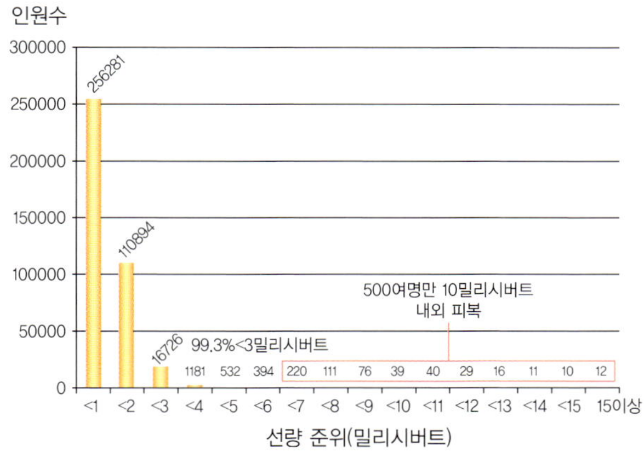

그림 34. 선량 재구성을 통해 평가한 사고 당시 후쿠시마 주민의 추정 피폭선량 분포. 거의 대부분이 연간 자연방사선 피폭 수준이며 38만 명 중 500여 명만 10 밀리시버트 정도의 피폭을 받은 것으로 평가되었다(자료: 나가타키 등 Radiation Research 180, p439, 2013).

평가하는 것은 적절하지 않지만 이론적으로는 이들 집단의 총 선량 약 35만 밀리시버트에 명목위험계수 100 밀리시버트 당 0.5%를 적용하면 약 17명 정도에서 방사선에 의한 암 사망이 발생할 것으로 평가된다. 비교적 오염이 낮은 지역 주민으로서 소개하지 않고 계속 거주하는 주민이 사고 이후 지속적으로 받는 방사선량까지 고려하면 추정 암 사망자 수는 위 평가의 수 배로 늘어날 수 있다. 그러나 그렇게 하여 50명이 되더라도 이 집단에서 예상되는 7만여 명 내외의 자연적 암사망자에 비하면 이 정도 증가는 검증할 수 없는 수준이다.

❖ 위 결과를 약 2백만 후쿠시마현민 전체로 확장하면 결과적으로 방사선 피폭으로 인해 수명이 유의하게 단축될 사람 수는 200여 명이 된다. 그러나 이 수는 통계적 기대치일 뿐 실질적으로 확인될 수는 없다. 기본적 암 사망자가 무려 40만 명 수준이기 때문이다.

그렇지만 '안심' 차원에서 후쿠시마현민에 대한 장기간 건강 추적 프로그램이 후쿠시마 의과대학에 본부를 두고 진행 중이다.

실질 사망자는 방사선 외적 원인에서 발생했다

❖ 후쿠시마 사고로 인해 실제 사망은 방사선 피폭이 아니라 다른 원인으로 발생했다. 사고가 발생한 3월 중순은 기온이 0도 내외로 추웠는데 주거 환경이 열악한 대피소 생활이 장기화되면서 환자나 노약자 중에서 사망자도 발생했다. 중급 도시 인구 규모인 15만 명 정도가 소개하여 3년 동안 1,600여 명의 사망자가 발생했는데 그 중 몇 명이 자연적 사망 외에 변화된 주거환경 때문에 추가로 사망했는지에 대한 공식적 평가는 없다.

이처럼 심각하지 않은 방사선 피폭을 피하기 위해 주거환경의 변화가 초래하는 위험을 무릅쓰고 주민을 무리하게 소개하는 정책은 재고되어야 한다는 반성도 있다.

❖ 2011년 여름에 전면마스크와 머리 전체를 덮는 후드를 착용하고 복구작업에 참여했던 60대 종사자 2명이 열사병으로 사망한 예도 있다. 그러나 방사선피폭 영향은 아니다.

요약

인명피해 측면에서 후쿠시마 사고는 1986년 체르노빌 사고와는 양상이 크게 다르다. 사고대응이나 피해복구에 참여한 종사자 중 방사선 대량피폭으로 인한 사망자는 물론이고 우려할 수준의 방사선상해를 입은 사람도 없다. 일반인 선량도 체르노빌보다 크게 낮아 이로 인한 향후 암 사망 증가를 수백 명 정도일 수 있다고 추정할 수는 있지만 자연 암 위험에 비해 매우 작아 증가가 확인될 수준은 아니다.

QUESTION 53...

체르노빌 원전사고로 수십만 명이 이미 사망했다던데...

공식보고는 다르다

❖ 사고 20년이 지난 2006년 발간된 세계보건기구(WHO) 보고서를 보면 급성 및 준급성 방사선상해 사망자는 1986년 당해에 28명, 이후 2004년까지 19명으로 총 47명이 사망했으며, 정화작업자 중 1998년까지 방사선피폭으로 인한 심혈관질환으로 사망했을 것으로 추정하는 수는 100명이다. 나아가 약 7백 4십만 명인 전체 피폭자 집단의 수명기간(사고 후 약 80년) 동안 방사선으로 인한 암으로 추가 사망할 것으로 보는 수는 약 9천 명이다. 이 증가는 기저암 위험을 약 1% 증가시키는 셈으로서 1천 명 중 본래 126명이 암으로 사망할 것이 방사선 때문에 1명 정도 늘어나는 것과 같다.

우크라이나 보건장관도 수십만 명이 사망했다고 말하던데...

❖ 벨라루스나 우크라이나 고위공직자까지 이런 비공식적 평가 결과를 인용하는 일들이 있어 혼란을 부채질했다. 1995년에 우크라이나 보건장관이 1994년까지 이미 12만명 이상이 사망했다고 말한 바 있다. 그러나 그러한 자료가 입증된 바는 없으며 국제지원 요청 등 다분히

정치적인 이유 때문인 것으로 본다.

전세계적으로 90만명에서 180만명이 암으로 사망할 것이라는 주장도 있다. 공식추정과 괴리가 큰 이러한 주장은 통계를 내는 방법이나 방사선 위험을 계산하는 방법의 오류에 기인한다.

영향권 주민집단에서 사고 후 사망자 중 명확히 방사선 원인이 아니리고 보는 경우(예: 교통사고, 피살 등)를 제외하고는 모두 방사선 때문일 수 있다고 봄으로써 방사선 기인 사망자 수를 과대평가 했다.

영향이 미미한 광역 인구집단까지 추산에 포함함으로써 추정 사망자 수를 과대평가 했다. 예를 들어 연간 0.1 밀리시버트 정도를 더 받는 지역의 많은 인구(예: 10억 명)까지 포함하여 10년이면 1 밀리시버트, 10억 명이면 총 선량이 10억 밀리시버트가 되고 100 밀리시버트 당 위험 0.5%를 곱하여 5만 명이 암으로 추가 사망할 것처럼 평가하는 것이다. 그런데 연간 0.1밀리서버트는 자연방사선과 비교할 때 의미 없는 선량이다.

표 14. 체르노빌 원전사고로 인한 장기적 추가 암사망자 추정치. (자료:세계보건기구 2006)

인구집단	인원	평균선량 (mSv)	기저암 사망자	방사선 유발암 추정 사망자	
				수	기저암 대비 비율(%)
정화작업자	200,000	100	42,300	2,200	5.20
금지구역 소개민	135,000	10	22,000	160	0.73
심한 오염구역 주민	270,000	50	44,500	1,600	3.60
기타 오염구역 주민	6,800,000	7	824,000	4,970	0.60
계	7,405,000		932,800	8,930	0.96

요약

체르노빌 원전사고는 심각한 인명피해까지 초래한 것은 사실이지만 실제 사망자나 향후 암 사망자 증가가 일부 과장되어 있다.

QUESTION 54...

후쿠시마 아동에서 이미 갑상선암이 증가했다던데...

기사일 뿐 사실과 다르다

❖ 사고 후 2년이 지나면서 후쿠시마 사고 영향권 지역에서 갑상선암 특히, 아동 갑상선암 증가가 제기되기 시작했다. 그러나 이런 주장이 합당하지 않은 몇 가지 이유가 있다.

첫째, 후쿠시마 사고에서 주민의 갑상선 피폭은 경미하다. 대부분 근거리 주민은 원전에서 방출된 방사능이 주거지역에 영향을 미치기 전에 소개했기 때문에 갑상선 피폭을 거의 받지 않았다. 소개하지 않은 아동이 받은 갑상선 선량은 후쿠시마현에서는 50 밀리시버트 내외, 기타 현에서는 10 밀리시버트 내외로 평가된다. 체르노빌의 경우에는 사고를 은폐하여 주민 보호대책이 며칠간 지연되었기 때문에 주민이 매우 높은 갑상선피폭을 받았는데 1만 밀리시버트를 넘어 피폭한 아동만도 수백 명이었다.

둘째, 체르노빌 경험에서 방사선피폭 후 아동 갑상선암의 증가가 나타나기까지는 최소 4년이 걸렸다. 피폭선량도 낮은데 사고 후 2년 정도에 아동 갑상선암이 증가할 것으로 판단되지 않는다.

셋째, 갑상선암은 흔히 갖고 있는 질환이어서 적극적으로 검사하면 발견율이 높아진다. 즉, 사고 후 보건을 적극 감시하는 피해지역 주민은 그 검사율과 빈도 때문에 다른 대조집단보다 갑상선암 진단율이 증가할 가능성이 매우 높다.

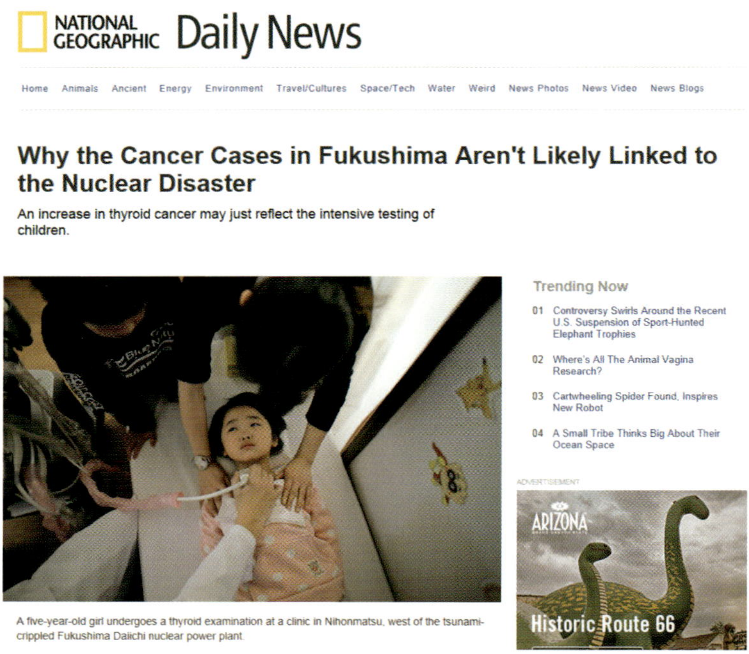

NATIONAL GEOGRAPHIC Daily News

Home Animals Ancient Energy Environment Travel/Cultures Space/Tech Water Weird News Photos News Video News Blogs

Why the Cancer Cases in Fukushima Aren't Likely Linked to the Nuclear Disaster

An increase in thyroid cancer may just reflect the intensive testing of children.

A five-year-old girl undergoes a thyroid examination at a clinic in Nihonmatsu, west of the tsunami-crippled Fukushima Daiichi nuclear power plant.

Trending Now

01 Controversy Swirls Around the Recent U.S. Suspension of Sport-Hunted Elephant Trophies

02 Where's All The Animal Vagina Research?

03 Cartwheeling Spider Found, Inspires New Robot

04 A Small Tribe Thinks Big About Their Ocean Space

그림 35. 후쿠시마 갑상선암이 원전사고와 무관하고 아동에 대한 집중검사 때문일 것이라는 내용의 내셔날지오그래픽 기사 제목 (2014년3월14일)

요약

후쿠시마 피해지역 아동에게서 평균적 통계보다 높은 비율로 갑상선암이 발견되었다. 그러나 이 증가는 방사선피폭과는 무관하며, 검사비율이 높음에 따라 기존의 암이 발견된 것이다.

QUESTION 55...

아들이 일본에 여행(연수/유학)간다는데, 괜찮은가?

일본 정부가 통제하지 않는 지역은 문제없다

❖ 일본은 세계에서 유일한 원폭피해국으로서 방사선의 보건영향에 대한 세계 최고의 전문가 집단이 있다. 방사선 피해를 직접 겪은 국민이기 때문에 일본인은 방사선에 대해서 가장 민감한 정서를 가졌다. 그런 일본인이 계속 생활하고 있는 지역을 일시적으로 방문하는 사람이 방사선 위험을 걱정한다는 것은 지나치다.

가령 후쿠시마시를 보더라도 대체로 방사선 준위가 본래 지각방사선보다는 2~5배 정도는 되며 부분적으로는 10배 정도 되는 곳도 있다. 10배 되는 구역에 1년을 살면 약 8 밀리시버트를 더 받을 수 있음을 알면서도 살고 있다. 그런 구역에서 1주일 정도 머무를 때 받는 선량은 0.16 밀리시버트에 불과하다. 미국이나 유럽을 두 번 왕복할 때 비행기 안에서 받는 선량이 이 정도이며 제주도 사람이 서울에 와서 3개월 정도 지내면서 더 받는 지각방사선도 이 수준이다. 후쿠시마시가 이런 정도인데 도쿄에 가면서 무슨 걱정이 필요할까? 본래 일본은 전반적으로 자연방사선이 우리나라보다 낮기 때문에 도쿄에 가면 우리나라에 있는 것보다 약간 방사선을 덜 받을 수도 있다.

❖ 물론 일본인 중에서도 걱정이 많은 사람은 있다. 어떤 가정은 부모는 영향지역에 살면서 자녀는 다른 지방으로 내보낸 이산가족도 있다. 그러나 대부분 사람은 다소 방사선을 받지만 감내할만 하다고 생각한다.

오염지역을 방문할 때 야생 식재료를 채취해 먹지는 말기를

❖ 후쿠시마 가까운 지역을 방문할 때 주의할 점은 있다. 예를 들어 야생 식재료(버섯, 딸기, 야생차, 도토리 등)는 취식하지 말기를 일본정부가 권고하고 있기 때문에 산에 가면 이러한 야생 식재료가 매우 흔하다. 당연히 오염지역 계곡에 흐르는 물에도 방사능이 높다. 이런 사실을 모르고 야생 식재료를 채취해 먹거나 계곡물을 그냥 마시는 것은 좋지 않다. 그런다고 큰일 날 일은 아니지만 그만큼 방사선을 더 받게 된다.

요약

일본정부가 출입을 통제하는 사고 인근지역을 제외하고는 일본 어디를 방문하거나 체류해도 안전하다. 다만, 후쿠시마 가까운 지역에서 야생식재료 채취는 삼가는 것이 좋다.

QUESTION 56...

일본을 방문할 때에는 식수를 가져가야 하나? 음식을 먹어도 되나?

현지 생수 사 마시면 충분

❖ 깨끗한 물은 위생의 첫걸음이다. 따라서 국가는 국민에게 깨끗한 물을 공급하기 위해 노력한다. 방사능 오염지역이라면 공급하는 상수에서 방사능을 제거하기 위해 노력하는 것이 당연하다. 후쿠시마 사고 후 3년이 지난 지금 환경에 남아 영향을 미치는 방사성핵종은 세슘인데, 세슘은 토양에 흡착력이 매우 강해 오염된 하천수도 정수과정을 거치면 대부분 흙 입자를 따라 침전되어 제거된다. 그래도 불충분하다면 활성탄 필터를 사용해 정화한다. 다시 말해 일본과 같은 선진국 수돗물은 안전하다.

물론 외국을 여행할 때는 비록 선진국이라 할지라도 수돗물을 바로 마시기는 꺼림칙한 면이 있다. 방사능 때문이 아니라 풍토의 차이 때문이다. 현지인은 아무 문제없이 마시는 물도 외지인이 마시면 배탈 날 수도 있음을 알기 때문이다. 그래서 종종 병물(생수)을 사 마신다. 즉, 마시는 물이 꺼림칙하면 현지 병물을 사 마시는 것으로 충분하며 가지고 갈 필요는 없다.

후쿠시마 인근 지역에서 생산된 맥주나 일본주를 마셔도 되나?

❖ 사고의 주된 피해지역인 후쿠시마현을 포함한 일본 동북지방은 산지가 많아 수질이 좋고 따라서 생산되는 쌀의 품질도 정평이 있다. 그래서 전통적으로 이 지역에서 양조산업이 번창했다. 유명 브랜드 맥주공장도 있고 일본주 공장들은 많다. 인터넷 등 SNS에 유명 브랜드 맥주의 방사능 오염에 대한 글이 많고 그래서 애주가들의 우려도 있다.

술의 품질에 물이 중요한 역할을 하므로 양조업자가 깨끗한 물을 사용하기 위해 노력하는 것은 당연하다. 소비자가 방사능 오염을 우려하기 때문에 양조업자는 더욱 방사능 오염이 없도록 주의하게 된다. 유명 브랜드 맥주 제조사라면 설령 공장이 후쿠시마현에 있더라도 제품의 품질관리에 더욱 철저할 것이므로 걱정할 일은 아니라도 본다.

후쿠시마산 일본주 판매량이 줄었다던데

❖ 아마도 사실일 것이다. 이는 후쿠시마산 일본주(사케)에 유의하게 방사능이 있어서가 아니라 그렇게 생각하는 소비자의 반응 때문이다. 일본에는 수천의 일본주 제조업자가 있다.

소비자 입장에서 선택의 폭이 넓기에 방사능이 찜찜한 후쿠시마산 일본주를 사지 않게 된다. 이런 반응이 '낙인현상'이다. 저 지역은 오염되었다는 낙인으로 인해 상품의 방사능 오염 사실과 무관하게 기피현상이 발생한다. 특히 일반인이 두려워하는 방사능이 관련되면 이러한 낙인현상은 그 위력을 더한다.

이런 애로를 아는 사람들은 의도적으로 후쿠시마산 쌀이나 일본주를 조금이라도 더 구매하려 애쓰기도 한다. 그러나 이런 사람은 소수여서 결국 낙인피해가 현상으로 나타나고 있다. 사람들이 방사선 위험의 실상을 바르게 이해한다면 없을 피해가 사회심리적 작용으로 발생하는 것이다. 우리나라가 비슷한 입장일 때 이런 부작용을 조금이나마 줄이려는 것이 이 책자의 주된 목적이다.

요약

도쿄 등 방사능 오염이 되지 않은 대부분의 일본의 지역을 방문하는 경우에는 식수를 별도로 가져갈 필요가 없다. 또한, 음식도 별다르게 가릴 필요는 없다.

QUESTION 57 ...

체르노빌이나 후쿠시마 지역에서 기형 동식물이 많이 발견되었지 않은가?

방사선 피해로 주장하는 사진의 대부분은 근거가 없다

❖ 동물이나 식물도 조직 성장기에 많은 방사선을 피폭하면 기형이 발생한다. 이는 실험실 실험으로도 관찰할 수 있다. 체르노빌의 경우 핵연료파편을 포함한 고농도 방사능이 발전소 주변 환경을 오염시켰기 때문에 큰 소나무가 말라죽기도 하고 어린 소나무 가지나 잎이 기형으

그림 36. 소위 '체르노빌 메기'로 알려진 메기처럼 큰 메기는 체르노빌과 무관한 지역에서도 잡힌다.

로 자란 것들이 발견된다. 방사선에 의한 세포의 상해가 성장을 방해하기 때문에 기형은 대개 성장부진이나 변형 쪽으로 나타난다. 그러기에 SNS에서 흔히 보이는 거대한 메기나 지렁이, 민들레 잎 등은 방사선 피폭으로 인한 것으로 보기 어렵다.

무엇보다 이러한 기형이 발생하기 위해서는 방사선량이 높아야 하는데 인터넷에 떠도는 기형 동식물의 발견 장소는 대개 사고 중심으로부터 원거리 지역으로서 그렇게 높은 방사선 피폭이 있은 곳이 아니다.

❖ 관심을 가지고 관찰하면 식물의 기형은 주변에서도 어렵지 않게 발견할 수 있다. 후쿠시마 지역에서 발견되었다는 것과 유사한 기형 가

그림 37. 후쿠시마 지역에서 발견된 기형가지.
발견자는 후쿠시마 사고 탓으로 보지 않는데 인터넷에서는 후쿠시마 사고 때문인 것처럼 떠돈다.

지나 토마토, 고추, 오이 등은 우리나라 농부들도 가끔씩 보는 것이다. 국내에서 발견되면 상품가치가 없어 따서 버릴 뿐이다. 농작물의 기형은 종종 바이러스나 농약(특히 제초제)의 영향으로 발생한다.

요약

동식물도 성장하는 조직에 방사선을 많이 받으면 기형이 발생한다. 그러나 방사선 탓으로 주장하는 대부분 사진들은 방사선 영향이라는 근거가 없다.

QUESTION 58…

의료방사선은 안전한가?

진단방사선과 치료방사선

❖ 병원에서 환자에게 방사선을 사용하는 목적은 진단과 치료로 나뉜다.

❖ 진단은 흉부X선촬영이나 CT촬영처럼 신체의 영상을 얻는 것이다. 치료는 주로 암을 치료하기 위해 종양 부위에 암세포의 치사선량 이상(수십~수백 그레이)을 투여하여 암세포를 죽이는 것이다. 따라서 종양 주변의 정상조직도 어느 정도 손상을 받는다. 가능하면 정상조직의 피해를 줄이기 위해 고도로 정밀한 기법을 동원한다. 그래도 어느 정도 위험은 따르게 마련인데 암을 치료하는 가치가 그런 위험보다 월등하기에 치료를 시행한다.

진단방사선 절차의 환자선량

❖ 환자가 받는 방사선량은 검사마다 다르다. 통상적 흉부 X선촬영에서 받는 선량은 매우 낮아 촬영 당 0.01 밀리시버트 정도의 유효선량이다. 치과 X선은 강도는 더 높지만 노출 부위가 머리 하반부에 한정되므로 유효선량은 비슷하다. 반면 복부 CT촬영이나 관상동맥조영

술 또는 형광투시에서 환자가 받는 선량은 회 당 7~10 밀리시버트로서 훨씬 높다.

진단방사선은 안전한가?

❖ CT나 관상동맥조영술을 1회만 거친다면 방사선량이 10 밀리시버트 내외이므로 질병진단의 가치와 견주어 '안전하다.'고 말할 수 있다.

환자에 따라서는 유사한 절차를 여러 번 반복하여 실시하기도 하는데 그런 경우는 누적선량이 100 밀리시버트를 넘을 수도 있다. 100 밀리시버트를 넘으면 역학적으로 암의 증가가 확인될 수 있는 선량이므로 어느 정도 위험이 따른다고 볼 수 있다.

CT나 형광투시가 불필요하게 반복되거나 진단이나 중재방사선 치료에서 노출 조절을 잘못하여 환자가 피부상해, 탈모 등 조직반응을 겪은 사례가 있다. 그러나 이 위험도 필요한 방사선절차를 거치지 않아 질환을 바르게 진단하지 못해 치료에 실패할 위험과 비교한다면 상대적으로 '안전하다.'고 말할 수 있다.

❖ 중요한 것은 의사가 방사선절차, 특히 CT처럼 높은 선량 절차를 의뢰할 때는 환자의 임상지시가 꼭 그 절차를 필요로 하는지 다시 한 번 검토하는 자세이다. 선진국에서도 CT나 PET/CT가 남용되고 있다는 반성이 있다. 나아가 절차가 필요한 경우에도 이를 수행하는 의료진은 임상 목적을 달성하면서 환자선량을 줄일 수 있는 방법을 모색해야 한다. 이렇게 환자보호에 의료진이 성의를 다한다면 진단방사선은 필요하고 안전하다.

표 15. 의료촬영에서 받는 전형적 방사선량.

검사	유효선량(밀리시버트)
통상적 흉부 X선 촬영	0.01
치과 X선 촬영	0.01
유방 촬영	0.2
관상동맥 혈관조영술	7
복부 CT	10
전신 FDG PET/CT	10

요약

의료방사선은 직면한 질환의 위험을 관리하기 위해 필요하다. 방사선 의료절차로부터 환자가 받는 방사선 위험은 질환을 진단하고 치료하여 줄이는 위험에 비해 충분히 작다. 결론적으로 의료진이 환자보호에 정성을 쏟는다면 의료방사선은 안전하다.

QUESTION 59...

임신 중인데 병원에서 방사선 검사를 받아도 되는가?

몇 번 정도의 일반 X선 검사가 태아의 건강을 위협하지는 않는다

❖ 일반 X선 검사의 경우 촬영 당 태아가 받는 선량은 0.1 밀리시버트 미만이므로 두세 번 검사로 태아 건강을 위협하지는 않는다. 가장 민감한 기간인 수태 후 2~8주 시기에도 태아의 기형을 초래할 수 있는 문턱선량은 약 100 밀리시버트이다. 따라서 이런 일 때문에 임신중절을 생각할 필요는 없다.

그래도 X선 촬영에 앞서 임신여부를 확인하고 임신 여성에 대해서는 해당 절차로 인한 태아의 선량과 위험에 대해 알린 후 서면동의를 받아야 한다. 태아의 방사선 위험 때문이 아니라 일반적으로 발생할 수 있는 선천성 기형이 의료분쟁의 대상이 될 수도 있기 때문이다.

CT는 상대적으로 선량이 높다

❖ 주된 관심은 CT나 형광투시처럼 검사 당 선량이 훨씬 더 높은 고선량 의료절차이다. 이런 절차가 태아가 있는 어머니의 하복부를 포함한다면 1회 검사 당 태아 선량이 10 밀리시버트까지 이를 수 있다. 더욱이 종종 있듯이 유사한 촬영이 반복되면 태아 선량이 기형유발의

문턱선량을 넘거나 근접할 수 있게 된다. 그래서 가임여성에게 이러한 절차를 처방하기에 앞서 의사는 필요하면 임신검사까지 실시하여 임신 여부를 확인해야 한다. 가능하면 이런 검사는 출산 후로 미루거나 방사선을 사용하지 않는 다른 대체검사를 사용하는 것이 원칙이다.

그러나 어머니의 건강이 태아의 건강과 직결되므로 불가피한 경우에는 검사를 실시하되 태아를 보호하기 위한 최선의 대책을 강구해야 한다. 어머니나 보호자의 이해동의를 받아야 함은 말 할 나위 없다.

태아의 선량한도가 1 밀리시버트라는데 이렇게 높은 선량을 받아도 되는가?

❖ 통상 말하는 태아의 선량한도는 의료피폭이 아니라 방사선작업에 종사하는 어머니 뱃속의 태아에 적용하기 위한 것이다. 이 경우 태아는 직무 때문에 방사선을 피폭하는 어머니와는 달리 이해관계가 없는 제3자 즉, 일반인으로 간주하기 때문에 일반인에 대한 연간 선량한도인 1 밀리서버트를 적용하는 것이다. 어머니의 질병을 진료하기 위해 불가피하게 방사선 의료절차가 필요하여 태아가 받는 피폭은 어머니의 피폭과 마찬가지로 '의료피폭'으로 간주한다. 의료피폭에는 본래 선량한도가 없다. 당장 있는 질병을 진단하고 치료하는 것이 우선하기 때문이다.

요약

일반 X선 촬영 몇 번으로 태아의 건강이 위협받지는 않으므로 전혀 우려할 일이 아니다. 그러나 의사는 임신 여성에게 방사선절차 처방에 앞서 이해동의를 받아야 한다. 높은 선량을 받는 CT와 같은 절차는 가능하면 회피해야 하지만 불가피하다면 이해동의 아래 실시하되 태아 보호를 위해 최선의 방책을 강구해야 한다.

QUESTION 60 ...

임신인줄 모르고 X선을 촬영했는데 어째야 하나?

한두 차례 검사라면 걱정할 일 아니다

❖ 어머니가 방사선 검사를 받을 때 태아가 받는 선량은 절차 종류와 검사부위마다 다르다. 일반 X선 촬영의 경우에는 어머니 하복부가 X선에 직접 노출되더라도 태아 선량은 0.1 밀리시버트 이하로 충분히 낮아 안전하므로 걱정할 일이 아니다. 하복부에 대한 CT와 같은 고선량 절차에서는 회 당 태아선량이 10 밀리시버트 수준에 이를 수 있지만 한두 번 촬영으로는 태아의 기형을 유발하는 문턱선량 100 밀리시버트보다 크게 낮다. 그러나 태아의 선량을 확인하는 것이 필요하므로 진단을 받은 병원을 다시 방문하여 상의할 필요는 있다. 태아 선량이 100 밀리시버트보다 충분히 낮은데(가령 수십 밀리시버트 미만) 임신중절을 생각하는 것은 잘못이다.

사후에 걱정할 일이 아니라 사전에 확인하는 것이 중요

❖ 임신 가능한 여성에게 방사선절차를 처방할 때 의사는 임신여부를 확인하고 임신 중이라면 예정된 절차로 인한 태아의 선량과 그 의미에 대해 충분히 설명하여 동의를 받는 것이 원칙이다. 그랬다면 '어

째야 하나?' 와 같은 질문은 없을 것이다.

이런 일이 발생한 데는 어머니의 책임도 있다. 병원 방사선실에는 여기저기 "임신했을 가능성이 있는 여성 환자는 촬영 전에 말씀하세요."와 같은 주의가 게시되어 있다. 임신했을 가능성은 환자 본인이 가장 잘 안다.

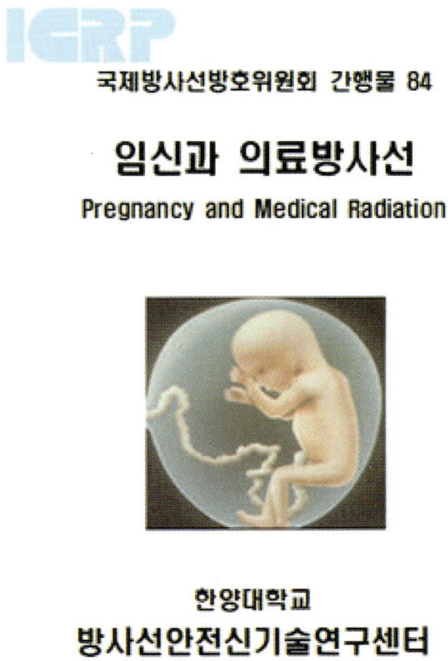

그림 38. 임신과 의료방사선에 관한 국제방사선방호위원회 권고의 우리말 번역본. 대한방사선방어학회 홈페이지(http://www.karp.or.kr) 자료실에서 내려 받을 수 있다.

요약

일반적으로는 X선 촬영이 걱정할 일은 아니다. 만약 X선 촬영을 여러 번 반복했거나 CT나 형광투시 같은 고선량절차를 거쳤다면 해당 병원을 방문하여 상의할 필요가 있다. 괜한 공포심으로 섣부른 결정은 금물이다.

QUESTION 61 ···

우리 아이가 머리를 다쳐 병원에 갔더니 CT검사를 받으라고 한다. 아직 한 살인데 괜찮은가?

CT검사에서 받는 방사선량은 상당히 많다. 그러나...

❖ 전산화단층촬영(CT)은 질환의 정확한 진단을 돕는 매우 유용한 수단인 한편으로는 회 당 5~10 밀리시버트(평균적 원전종사자의 2~3 년치)의 선량을 주는 방사선 절차이다. 따라서 CT는 임상적 지시를 보아 분명히 필요하다고 판단되는 경우에 처방하는 것이 원칙이다. 일반적으로는 주치의가 CT를 처방할 때는 그것이 필요하다고 판단하기 때문이다. 잠재적 방사선 위험보다 직면한 질환의 위험이 더 중요한 경우가 많기 때문이다. 그럼에도 오진 위험을 줄이고 싶은 의사의 입장이나 암을 조기에 발견하고 싶은 환자의 입장 등이 맞물려 남용되는 경향이 없지는 않다.

그러나 아동은 같은 양의 방사선을 피폭하더라도 어른보다 암 위험이 3~5배 높으므로 소아환자에게 CT를 처방할 때 의사는 더욱 신중하게 그 정당성을 검토해야 한다. 최종 결정은 의사의 판단과 보호자의 동의에 달려 있다. 의사의 주의를 환기하는 의미에서 CT촬영에 대한 동의를 구할 때 보호자는 CT가 꼭 필요한지 문의해 보는 것은 바람직하다.

머리 CT검사를 받은 아이들에게 뇌종양이 늘었다던데?

❖ 아동기에 머리 CT를 촬영한 환자에 대한 역학연구에서 대조집단에 비해 뇌종양 발생률이 증가했다는 논문이 있다. 원폭피해생존자 역학연구 결과보다 훨씬 높은 암 위험을 지시했기 때문에 주목을 받았다. 그런데 역학 전문가는 그 논문이 단순히 아동기에 머리에 CT를 촬영했느냐 아니냐만을 근거로 뇌종양 발생률을 비교했을 뿐, 머리에 CT를 촬영하게 된 원인이 적절히 고려되지 않아 결과가 왜곡되었을 가능성에 무게를 두고 있다. 즉, 본래 뇌에 문제가 있어 CT를 촬영한 아동들이 많이 포함되었기 때문에 뇌종양 발생률이 높게 나타날 수 있다는 것이다.

CT절차가 비교적 많은 선량을 부여하기 때문에 반복 촬영(예를 들어 10회)하게 되면 역학적으로 암 증가가 확인된 선량(약 100 밀리시버트)에 이르게 되지만 대규모 집단이 아니면 암 증가를 식별하기 어렵다.

❖ 다시 강조하지만 의료방사선은 직접 생명을 위협하는 질환의 진단에 매우 중요한 수단이다. 방사선을 사용하지 않는 다른 방법으로도 진료가 가능한데 신중한 고려 없이 방사선절차를 처방하는 것은 적절하지 않지만, 과도한 공포심 때문에 생명을 위협하는 질병의 관리에 실패한다면 이는 직접적 위험이다.

요약

CT는 비교적 많은 선량을 주는 절차이지만 질환의 정확한 진단을 위한 중요한 기술이다. 그래서 의사가 처방했다면 믿고 따르는 것이 무방하다. 특정 의사나 의료기관이 방사선의료행위를 합당하게 적용하는지를 감사하고 발전시키는 일은 정부와 의료계의 몫이다. 그렇더라도 의사는 아동에 대해 CT를 처방할 때는 신중할 필요가 있다.

QUESTION 62...

건강검진 방사선 문제 없을까?

건강검진이란...

❖ 건강검진은 흔히 발생할 수 있고 조기진단이 중요한 질병을 증상이 없을 때 발견하여 치료하는 것을 목적으로 시행한다. 개인이 필요에 따라 선택하여 받는 기회 검진이 있고 이 경우는 개인이 비용을 부담하고 다양한 검사를 시행하고 있다. 국가에서도 40세 이상의 성인에 대하여 건강 검진과 암 검진을 무료로 시행하고 있으며, 조기진단이 건강에 도움이 되는 질환을 정하여 시행하고 있다.

의료방사선 검사는 이 두 가지 경우에서 모두 시행되고 있는데, 두 가지는 구분되어야 하며 목적과 필요에 의하여 그 이익을 따져봐야 한다.

국가암검진과 같은 집단 검진은 검사의 시행에 대한 과학적 근거가 있어야 하며 인력과 시설에 대하여 엄격한 관리가 이루어져야 한다. 또 국가 기관이나 전문기관에서 승인하고 그 결과에 대하여 매년 평가를 시행하고 있다.

국가에서 시행하는 검진에는 어떤 방사선 검사를 포함하고 있나?

❖ 우리나라에서 집단 검진에 포함되는 방사선 검사는 가슴 X선 검사, 위장/대장 조영검사, 유방촬영술이 있다. 이러한 검사들은 질병의

조기진단에 도움이 되는 근거가 있어서 국민들을 대상으로 시행하고 있다.

가슴 X선 검사는 결핵이나 폐암 검진에 유용한 검사이며 그 방사선량이 미미하여 걱정 없이 검사를 받으면 된다. 위장/대장 조영검사는 실시간으로 의사가 검사를 하면서 위장이나 대장질환이 있는지를 판단한다. 내시경 검사 또는 조영 검사 중 선택하여 검사를 받을 수 있고 잘 관리되는 병원에서 검사를 받는 경우 방사선 노출량은 걱정하지 않아도 된다. 유방촬영술은 유방암의 조기진단에 도움이 되는 검사이며 40세 이상의 여성에서 촬영이 권장된다. 집단 검진에 포함되는 방사선 검사들은 가슴 X선 검사는 0.01 mSv 이하, 위장조영검사는 5 mSv, 유방촬영술은 1 mSv 이하의 방사선량으로, 그 방사선량이 상대적으로 적고 질환의 조기발견에 도움이 된다는 근거가 있으므로 안심하고 검사를 받아도 된다. 다만 일부 품질이 관리되지 않는 의료기관의 경우 안전성이나 정확성에 문제가 있을 수 있으므로 품질관리가 잘 되고 있는 검사기관에서 검사를 받는 것이 중요하다.

흔히들 영상의학과 검사는 모두 방사선을 이용한다고 생각하기 쉬운데, 초음파 검사나 MRI 검사는 방사선을 이용하지 않으므로 안심하고 검사를 받아도 된다.

개인이 선택하여 받는 검사를 기회검진이라고 하는데, 그 종류가 다양하며 가족력이나 개인의 특성에 따라 전문의와 상담하여 꼭 필요한 검사를 선택하여야 한다. 기회검진에 해당하는 검사는 흡연자에서의 폐암검진을 위한 CT, CT 대장조영검사, 관상동맥칼슘 CT, PET/CT 등이 있다. 기회검진인 경우 개개인의 상황에 따라 CT 검사가 이득이 될 수도 있고, 불필요한 검사가 될 수도 있다. CT 검사의 경우 환자의 상태나 검사의 목적, 검사기관의 프로토콜에 따라 방사선량의 차이가 크기 때문에 자신의 상황과 맞는 검사를 받는 것이 좋다. 영국, 독일 등에서는 기회 검진에서 검사시행을 결정할 때는 꼭 전문가와 상의하라고 권고하고 있고, 이 경우 의뢰하는 의사와 영상의학과 의사가 모두 환자의 상태에 대하여 충분히 이해하고 검사 시행을 결정하여야 한다. 환자는 개인의 정보를 정확하게 제공하는 것이 중요하고 의사는 CT 시행 전에 쉽게 알아들을 수 있는 말로 이익과 위험에 대하여 충분한 설명을 하여야 한다.

❖ 폐암 진단을 위한 CT는 저선량 CT 검사를 받는 것이 좋으며 흡연력이 있는 고위험군에서 검사를 시행하는 것이 적절하다. 대장암 진단을 위한 CT인 경우 45세 이상에서 권장되며 정상인 경우 5년에 한번씩 시행하는 것이 적절하다. PET/CT의 경우 보건복지부에서 검진을 할 때 PET/CT의 방사선량에 대하여 수검자에게 설명할 것을 권고하는 권고문을 발표한 적이 있다. 관상동맥 칼슘 CT 의 경우에도 고위험군에서 검사를 시행하는 것이 권장된다. 따라서 기회검진의 경우 환자 개개인의 상황에 따라 검사의 시행여부를 결정하여야 하며 이 때 환자는 충분한 정보제공을 하여야 한다.

건강검진... 안심하고 받으세요~

❖ 건강검진은 잘 이용하는 경우 질병을 조기에 발견하고 완치할 수 있는 기회를 얻을 수 있는 중요한 검사이다. 건강검진에서 이용되는 방사선 검사를 방사선에 대한 두려움 때문에 꺼리는 경우가 있는데 이

는 오해에 의한 것이다. 질환이 의심되어 시행하거나, 이미 진단을 받아 정밀 검사로 추가 시행하는 의료 방사선 검사는 그 이익을 스스로가 받는 것이므로 선량한도가 없으며 필요한 경우 시행하는데 제한이 없다. 건강검진에서 방사선 검사를 시행하는 것이 좋은지, 불필요한 것인지에 대한 판단이 어려운 경우 개개인의 이익과 위험을 상황에 맞게 따져 봐야 하고, 이 과정에서 전문가의 판단은 매우 중요하다. 잘 관리되고 있는 기기를 이용하여 전문가의 판단에 따라 적절한 검사를 시행한다면 안심하고 검사를 받을 수 있다.

요약

건강검진은 질병을 조기에 발견하고 완치의 기회를 얻는 중요한 검사이다. 건강검진에 이용되는 방사선 검사는 안심하고 받을 수 있으며 필요한 경우 시행에 제한이 없다. 다만 개개인의 상황에 따라 어떤 검사가 필요한지 결정하여야 하며 전문가의 판단에 따라 적절한 검사를 받아야 한다.

QUESTION 63...

CT검사를 자주 받으면 위험한가?

통상적 CT 몇 번 반복이 '위험'할 정도는 아니다

❖ CT가 일반 X선과는 비교되지 않을 정도로 방사선량이 많지만 선량이 회 당 1~10 밀리시버트 정도이므로 몇 번 반복한다고 생명을 위협하거나 '위험'하다고 표현할 정도는 아니다. 임상적으로 상당한 영향이 발생하기 위해서는 대략 500 밀리시버트를 넘어 피폭해야 하기 때문이다. 그러나 CT유도 중재방사선절차처럼 동영상 CT에서는 계속적 노출이 이루어지므로 복잡한 절차를 시술할 때는 상해가 발생할 수도 있다. 그러나 상해는 피부화상이나 탈모 정도로서 치명적 수준까지는 아니다.

중요한 것은 불필요한 CT를 피하는 것이다

❖ 촬영 당 방사선량이 많아도 필요한 CT는 생명과 직결되므로 찍지 않으면 위험하다. 이런 촬영을 두고 자주하면 위험하냐는 질문은 무의미하다. 문제는 불필요한 CT를 찍는 것이다. 임상증상이나 다른 진단기술로도 충분히 확인할 수 있는데도 CT를 처방하는 것, 다른 의료기관에서 동일 목적으로 촬영한 기록이 있음에도 다시 촬영하는 것, 암의 조기발견이란 명목으로 자각증세가 없는 환자가 자주 촬영하는 것,

기술인자 잘못 선택으로 재촬영하는 것 등이 불필요한 촬영의 예이다. 이런 불필요한 촬영은 반복이 아니라 한 번도 많다.

정부가 CT촬영에 대해 등록제도를 운영할 예정이라던데

❖ CT촬영으로 회 당 작게는 수 밀리시버트에서 많게는 수십 밀리시버트를 넘어 환자가 피폭하기 때문에 반복될 경우 확률론적 위험이 증가할 뿐만 아니라 때로는 결정론적 상해도 발생할 수 있다. 특히 선량이 더 높은 CT유도 중재방사선절차에는 더욱 주의가 필요하다. 환자가 병원을 옮기면 이전 병원에서 의료기록이 다음 병원으로 잘 이전되지 않는 경우가 종종 있다. CT촬영이 있었는데 무시하고 다시 촬영하면 불필요한 피폭을 받게 된다. 이런 부당한 피폭을 방지하기 위해 CT촬영 내역을 등록하도록 하여 다른 의사가 참조할 수 있게 하자는 것이다.

CT촬영 후 1개월 이내에 또 촬영하면 위험한가

❖ CT검사를 1개월 이내에 또 하면 암발생 확률이 증가한다는 일부 보도는 근거가 없다. 피부에 한꺼번에 5천 밀리시버트 정도를 피폭하면 홍반이 발생하지만 10일마다 1천 밀리시버트씩 나누어 피폭하면 1만 밀리시버트를 피폭해도 홍반이 나타나지 않을 수 있다. 그 동안에 세포들이 적응하거나 회복되기 때문이다. 그러나 낮은 선량 방사선피폭으로 인한 암 위험은 총 선량에 달려있지 총 선량을 길지 않은 기간에 몇 번에 나누어 피폭했는지와는 무관하다. 즉, 암 위험은 하루에 10 밀리시버트를 피폭하든, 하루에 1 밀리시버트씩 10일을 피폭하든, 하루에 0.1 밀리시버트씩 100일을 피폭하든 동일하다고 본다.

흉부, 복부 등 2군데 이상 받아서도 안 된다는 보도도 역시 근거가 없다. 두 번 촬영하면 총 선량이 증가하는 것은 분명하지만 필요할 땐 촬영해야 한다. 처음부터 흉부와 복부 모두에 정보가 필요하다고 판단하여 한 번에 가슴부터 복부까지 촬영하면 흉부 촬영 후 복부를 다시 촬영할 때 겹쳐 촬영되는 부위(예: 상복부)의 선량을 절감할 수는 있어 바람직하다. 그러나 역으로 흉부촬영 결과만으로 질환이 확진되는 경우라면 복부촬영을 생략할 수도 있기 때문에 처음부터 흉부부터 복부까지 모두 촬영하는 것이 오히려 남용이 될 수도 있다. 즉, 어느 부위에 CT를 촬영할 것인지 처방은 의사의 판단이다.

환자의 이해동의를 구해야 한다

❖ CT처방에 대해 의문이 많은 것은 이런 고선량 방사선의료절차에 대해 환자의 이해동의를 구하는데 의료계가 소홀했기 때문으로 보인다. 어떤 임상지시 때문에 어떤 부위에 CT가 필요하고 환자가 얼마나 방사선량을 받게 되며 그로 인한 위험이 어떠한지를 설명하고 동의를 받았다면 위와 같은 질문이 없을 것이다. 매우 높은 선량을 투여하는 치료방사선은 물론이고 CT나 형광투시와 같은 일부 고선량 진단절차에 대해서도 이해동의는 관행으로 할 필요가 있다. 이런 제도적 발전을 위해서는 정부의 정책적 유도도 필요하다.

요약

CT검사를 자주받는 것이 위험한 것이 아니라 얼마나 많은 양의 방사선을 받았느냐가 중요하다. 질환 상황에 따라 자주 검사받아야 하는 경우도 있는데 그래도 방사선피폭의 위험에 비해 질환치료의 이득이 훨씬 크다. 경계할 일은 불필요하거나 부주의한 촬영이다.

QUESTION 64…

어머니가 방사능을 섭취하면 태아에게 전달되는가?

태령에 따라 물질에 따라 태아 전달률은 다르다

❖ 태아는 성장에 필요한 물질을 어머니로부터 받는다. 어머니가 섭취한 방사성핵종이 태아가 필요로 하는 물질 형태라면 태아에게 전달되는 것이 당연하다. 태아의 발달단계 즉, 태령에 따라 성장조직이 차이가 있기 때문에 필요로 하는 물질도 차이가 있다. 반대로 불필요한 물질은 태아로 전달되지 않도록 태반이 방벽 역할을 한다.

예를 들면 삼중수소는 대개 물의 형태로 존재하기 때문에 어머니나 태아나 조직 농도는 거의 같다. 전신에 분포하는 세슘 방사능의 경우도 비슷하다. 이에 비해 우라늄이나 플루토늄과 같은 중금속 방사성핵종은 태아로 유입이 억제되어 태령에 따라 차이는 있으나 태아 조직의 농도가 어머니 조직 농도의 10% 내외로 나타난다.

원전 사고 직후 가장 문제가 되는 방사성옥소의 경우 태아 갑상선 발달 정도 즉, 태령에 따라 차이가 있지만 비교적 높은 비율이 태아로 전달된다, 그 결과 태아 조직의 농도가 어머니 조직의 농도보다 약 3~4배 높게 나타난다. 방사성 스트론튬도 비슷하다.

어머니 선량과 태아선량은 대체로 비슷하다

❖ 방사성핵종과 화학적 형태, 섭취시기, 어머니의 방사능 섭취 경로(취식 또는 흡입)에 따라 다르지만 임신 중 방사능 섭취로 인해 어머니가 받는 선량과 태아가 받는 선량은 대체로 비슷한 수준이다. 어느 한 쪽 선량이 높더라도 2~3배 차이 정도이다. 높은 선량에서 3배는 심각한 차이일 수 있지만(예를 들어 3천 밀리시버트와 9천 밀리시버트는 사느냐 죽느냐의 문제가 된다.) 낮은 선량에서 3배(연간 0.1 밀리시버트와 0.3 밀리시버트)는 큰 의미가 없다. 10억 원의 3배는 30억 원으로 가치 차이가 크지만 1원의 3배는 3원으로 둘 다 사소한 것과 같은 원리이다.

표 16. 어머니의 방사능 섭취로 인한 태아와 어머니의 선량 비교

핵종	섭취 유형	100만 베크렐 섭취 당 밀리시버트	
		태아	어머니
삼중수소	수증기 흡입	0.077	0.26
	유기물 취식	0.076	0.042
스트론튬-90	흡입	1.0	160
	취식	63	28
옥소-131	흡입	29	7.4
	취식	60	22
세슘-137	흡입	3.5	4.6
	취식	6.7	13

* 자료: 국제방사선방호위원회(ICRP)

요약

어머니가 방사성물질을 섭취하면 섭취된 물질은 태아에 전달될 수 있으며 전달되는 비율은 물질의 화학적 성질, 태아의 발달단계에 따라 다르다. 태아가 받는 선량과 어머니가 받는 선량은 대체로 비슷한 수준으로 볼 수 있다.

QUESTION 65...

모유수유 중에 어머니가 방사능을 섭취하면?

모유수유로 인한 태아 선량은 대개 어머니 선량보다 작다

❖ 모유는 유아에게 필요한 영양소를 전달하는 수단이므로 어머니가 섭취한 방사능의 일부는 모유를 통해 유아에게 전달됨은 당연하다. 반면, 어머니의 기본적 생리는 유아를 보호하기 위해 불필요한 물질을 모유로 내보내지 않는다. 그러나 일반적으로 방사성핵종의 농도는 매우 낮기 때문에 유아에게 필요하지 않은 원소도 유사물질을 따라서 모유로 들어갈 수 있다. 예를 들면 스트론튬이 칼슘을 따라 이동하는 것과 같다. 이런 이유로 대부분 핵종에서는 유아의 선량이 어머니 선량보다 유의하게 낮다. 예외적으로 유아 선량이 높은 핵종은 삼중수소와 옥소-131이며 각각 1.2배와 2.4배 정도이다.

미량의 방사능 때문에 모유수유를 기피하는 것은 부적절하다

❖ 유아는 성인에 비해 방사선 감수성이 3~5배 정도 높으므로 원론적으로는 방사능이 오염된 모유수유는 피해야 한다. 그러나 모유수유 자체의 이득도 크기 때문에 사소한 방사능 때문에 모유수유를 중단하는 것은 부적절할 수도 있다. 모유수유 중단에는 무엇보다 대체 수유 가능성이 먼저 고려되어야 한다. 마땅한 대안이 없다면 모유의 방사능

오염을 불문하고 모유수유를 유지할 수밖에 없다.

대체 수유에 문제가 없다면 방사능의 위해와 모유수유 이득의 상실을 비교하여 결정하게 된다. 많은 방사능을 섭취한 경우에는 모유수유를 중단함이 옳다. 그러나 미량을 섭취한 경우라면 모유수유의 장점이 방사능 위해를 상회하므로 기피할 일이 아니다. 실제에서는 전문가의 의견을 듣고 판단하면 된다.

모유수유가 부적절한 방사능농도 기준은?

❖ 수유는 불가결하다는 특성과 함께 모유수유의 장점은 어떤 경우에도 모유수유가 부적절하다고 보는 확고한 방사능 기준을 규정하기 어렵게 만든다. 모유로부터 오는 방사선피폭은 결정론적 영향을 초래할 정도로 높을 수는 없기 때문에 관심의 대상은 확률론적 영향이다. 수년 정도인 수유 기간 동안 연간 수 밀리시버트 피폭은 상대적으로 높은 유아의 방사선 감수성을 고려하더라도 용인하지 못할 위협은 아니다.

그러나 모유수유의 이득을 정량화하기 어렵기 때문에 대체가 용이한 상황에서는 낮은 방사능도 회피하는 것이 무방하다. 대체가 가능한 때 모유수유는 일종의 계획피폭으로 간주되고 유아는 이해동의를 구하기 어려운 일반인에 해당한다고 볼 때 모유수유로 인한 예탁선량이 연간 1 밀리시버트를 넘는 것을 용인하기는 어려워 보인다. 그러면 연간 1 밀리시버트 선량과 유아의 연간 모유 섭취량을 근거로 모유 중 방사성 핵종의 농도기준을 산출할 수 있으나 유아의 성장 단계마다 차이가 있고 예상되는 수유기간도 다르기 때문에 매우 복잡하다.

일부 국가의 규제기관은 실용적 목적으로 매우 개략적인 기준을 제공하고 있다. 그러나 그러한 기준은 엄격한 한도라기보다는 의사결정에 고려할 '참조준위' 정도로 이해하는 것이 적절하다. 모유수유에 규제기관이 개입하는 것은 현실적이지 않다.

모유수유 중 어머니가 방사성의약품 처방을 받는다면?

❖ 모유의 방사능이 문제되는 경우는 환경오염 사태보다는 주로 의료목적으로 어머니가 핵의학적 처방을 받는 경우이다. 이때에는 의사에게 모유수유 중임을 알리면 의사가 수유 중지 여부 및 수유 중지 기간에 대한 지침을 제공할 것이다. 예를 들어 암 조기진단을 위한 불소-18 PET/CT촬영이나 옥소-123을 이용한 전신스캔의 경우 검사 후 12시간 정도만 지나면 수유할 수 있는 데 반해 치료준위 옥소-131을 투여한 경우에는 2개월 이상 수유를 중지하여야 한다.

표 17. 수유 시 영아의 유효선량과 권장되는 수유 중지기간.

핵의학검사/치료	투여된 단위방사능당 영아의 유효선량(mSv/MBq)	수유 중지기간(시간)
불소-18 FDG PET	1.1×10^{-2}	7
옥소-123 전신스캔	5.7×20^{-2}	9
옥소-131 치료	68	1588
테크네튬-99m DTPA 신장스캔	7.6×10^{-5}	중지할 필요없음
테크네튬-99m MDP 뼈스캔	4.3×10^{-5}	중지할 필요없음

요약

어머니가 방사성물질을 섭취하면 모유로도 일부 전이된다. 전이율은 핵종마다 다르지만 일반적으로 유아 선량은 어머니 선량보다 낮다. 어머니에 대한 핵의학 처방과 같은 특별한 경우를 대비하여 모유수유 중지를 위한 개략적 지침을 제공하는 나라도 있으나 강제규범이라기보다는 의사결정을 위한 참조준위 정도이다. 모유수유 중지는 잃는 것도 많으므로 전문가의 의견을 듣고 결정할 일이다.

QUESTION 66 ...

방사성의약품을 처방받은 환자가 병원 밖으로 다녀도 되는가?

사소한 위험 때문에 타인의 자유를 제한하기는 어렵다

❖ 방사선 측정기로 주변 방사선 수준을 감시하고 다닌다면 병원의 복도나 휴게실은 물론 외부의 공공장소(예: 식당)나 대중교통수단 내에서 핵의학 처방을 받은 환자가 내는 방사선이 유의하게 검출될 수도 있다. 우리나라 〈원자력안전법〉 '의료분야의 방사선 안전관리에 관한 기술기준'에 의하면 방사성의약품을 투여 받은 환자라도 다른 사람에게 5 밀리시버트를 넘는 피폭을 줄 우려가 없다면 외래환자로 다룰 수 있다. 물론 이러한 환자에게는 당분간은 가능하면 다른 사람과 가깝게 있지 말 것을 권고한다. 이런 권고에도 불구하고 외래환자는 대중교통을 이용하거나 식당을 이용할 수 있다. 일부에서는 당국이 이에 대한 강력한 조치(충분한 시간동안 격리병실 입원 등)를 취하기를 요구하고 있으나 사소한 위험의 부가를 이유로 개인의 자유를 제한하기는 어렵다. 다른 사람이 자동차를 운전하여 내 위험이 증가한다고 다른 사람의 자동차 운전을 제한하기 어렵다. 내가 또는 내 가족이 그런 핵의학 처방을 받은 환자인 경우를 생각할 필요가 있다.

그렇더라도 방사성의약품을 투여 받은 환자는 가능하면 다른 사람에게 불필요한 피폭을 주지 않도록 스스로 행동을 자제하는 것이 옳다. 특히 갑상선암 치료용 옥소-131은 반감기가 8일로서 상당히 오래 잔류하므로 오염을 최소화하도록 노력해야 한다.

핵의학 환자, 어떻게 관리하고 있나?

❖ 진단 목적으로 방사성의약품을 투여 받은 환자 주변의 방사선량률은 투여 방사성의약품에 따라 차이는 있지만 시간 당 10 마이크로시버트 미만이다. 나아가 진단 목적으로 사용되는 방사성핵종은 반감기가 몇 시간 정도로 짧기 때문에 하루 이틀만 지나면 소멸된다. 즉, 진단용 방사성의약품을 처방받은 환자가 다른 사람에게 미칠 수 있는 방사선 위해도는 본질적으로 낮아 외래 기반으로 다루어도 충분하다.

예를 들어 테크네튬-99 m으로 심장검사를 마친 환자를 1 m 거리에서 1시간 마주하고 있으면 약 0.006 밀리시버트를 피폭하는데 이 선량은 무시할 수준으로 낮다.

표 18. 진단 핵의학 검사를 받는 환자 주변에서 선량률

검사 종류	핵종	주사 후 경과시간 (시간)	백만 베크렐 당 선량률 (시간 당 마이크로시버트)		투여량 (백만 베크렐)	1 m 거리에서 선량률(시간 당 마이크로시버트)
			50 cm 거리	1 m 거리		
PET 검사	불소-18	2	0.08	0.03	370	11
신장검사	테크네튬-99m	0.5	0.08	0.01	350	3.5
심장검사	테크네튬-99m	1.5	0.05	0.02	300	6
갑상선검사	테크네튬-99m	0.5	0.06	0.01	200	2
뼈검사	테크네튬-99m	3.2	0.06	0.01	600	6

반면, 갑상선암 치료를 위해 방사성옥소(옥소-131)를 1기가 베크렐(10억 베크렐) 이상 투여 받은 환자는 당분간 격리병실에 입원시킨다. 일반적으로 2일쯤 지나 환자로부터 1 m 거리에서 방사선량률이 시간 당 0.07 밀리시버트 이하로 줄어들면 퇴원시키고 있다.

치료 환자라도 방사성옥소 투여량이 0.3기가 베크렐 미만이면 외래로 한다. 이러한 외래 환자나 입원 후 퇴원하는 환자에게는 다른 사람에게 불필요한 피폭을 주지 않도록 주의사항을 전달하고 이를 기록한 안내서를 제공한다. 또, 공항과 같은 곳에서 방사선 감시기 경보를 울려 곤란한 입장에 처할 우려가 있기에 방사성의약품 투여환자임을 알리는 증명서도 발급한다.

강물에서 옥소-131 방사능이 검출된다던데?

❖ 21세기 첫 10여 년 동안 우리나라에서 갑상선암을 진단받은 환자 수가 급증하였다. 특히 여성 환자는 10배 정도 증가했다. 역학적 병인이 있어서라기보다는 검사가 빈번히 이루어지기 때문으로 해석된다. 일단 갑상선암이 발견되면 치료를 받는 것이 보통이어서 결국 옥소-131 처방을 받는 환자가 늘어났다.

옥소-131은 반감기가 8일로서 상당히 길기 때문에 통원치료를 하거나 수일 간 입원 후 퇴원하는 환자의 배설물 중 옥소-131의 일부는 하수계통을 거쳐 강물로 유입된다. 따라서 도시의 하수종말처리장 배수구 하류의 강물을 채취하여 정밀분석을 실시하면 리터 당 0.1 베크렐 수준까지 옥소-131이 검출되기도 한다.

그러나 리터 당 0.1 베크렐 정도의 옥소-131로 인한 피폭은 자연방사선 피폭보다 훨씬 낮아 무시할 수준이다. 더욱이 8일의 반감기로 인해 수개월이 지나면 환경에서 소멸된다.

요약

진단목적으로 방사성의약품을 투여 받은 환자가 주는 선량은 사소하므로 안심해도 좋다. 옥소-131로 갑상선암 치료를 받은 환자는 격리병실에 입원 후 퇴원할 때 방사능이 체내에 남아 있다. 그러나 환자가 기본적 주의사항만 지키면 이런 환자를 가까운 거리에서 계속해서 접하는 사람이 받을 수 있는 선량은 자연방사선 1년치 미만이다. 이정도 피폭 때문에 환자를 계속 격리하는 것은 불필요하게 환자를 구속하는 일이다.

방사능 무섭니

2013년	1월	25일	1판	발행
2014년	3월	10일	2판	발행
2016년	3월	25일	증보 3판	인쇄
2016년	3월	31일	증보 3판	발행

정가 : 13,000원

저　　자 : 방사선안전 전문가 포럼

발 행 자 : 최 병 진

발 행 처 : 도서출판 **고 려 의 학**
(02880)　서울 성북구 성북로9길 1 보문빌딩 3층
Tel. 765-0333, 0337,　Fax. 743-2288
등록번호 : 제 1-519호 1978. 6. 29.

ISBN 978-89-7043-594-7